国家一流本科专业建设教材

环境工程综合实验
简明操作指导

主编　张文启
参编　饶品华　王润锴　严丽丽
　　　万文亚　徐美燕

华东理工大学出版社
EAST CHINA UNIVERSITY OF SCIENCE AND TECHNOLOGY PRESS
·上海·

图书在版编目(CIP)数据

环境工程综合实验简明操作指导 / 张文启主编. —
上海:华东理工大学出版社,2023.7
ISBN 978 - 7 - 5628 - 7021 - 0

Ⅰ. ①环… Ⅱ. ①张… Ⅲ. ①环境工程—实验—高等
学校—教学参考资料 Ⅳ. ①X5 - 33

中国国家版本馆 CIP 数据核字(2023)第 084979 号

内容提要

　　本书包括气固污染治理及资源化,污水物理、化学及物理化学处理,以及活性污泥法、生物膜工艺和膜生物反应器污水处理技术,共三大部分二十个实验项目。本书内容结合了专业传统经典实验内容和当前环保技术的热点需求,以支持一流应用型人才培养为目标,力求专业特色明显、实验项目实用易行、操作过程绿色低碳。书中大部分项目鼓励以学生为中心,开展综合性或设计性实验,激发、培养学生自主动手创新的兴趣和吃苦耐劳、团队协作的素养。

项目统筹 / 花　巍　韩　婷
责任编辑 / 陈婉毓
责任校对 / 张　波
装帧设计 / 徐　蓉
出版发行 / 华东理工大学出版社有限公司
　　　　　　地址:上海市梅陇路 130 号,200237
　　　　　　电话:021 - 64250306
　　　　　　网址:www.ecustpress.cn
　　　　　　邮箱:zongbianban@ecustpress.cn
印　　刷 / 上海展强印刷有限公司
开　　本 / 787 mm×1092 mm　1/16
印　　张 / 7.25
字　　数 / 171 千字
版　　次 / 2023 年 7 月第 1 版
印　　次 / 2023 年 7 月第 1 次
定　　价 / 29.80 元

版权所有　侵权必究

前　言

　　"环境工程综合实验"是环境工程、环境科学专业的核心课程,内容涉及水污染控制工程、大气污染控制工程、固体废弃物处理与资源化工程等领域,融合了"环境监测""环境工程微生物"等课程的理论知识。该课程强力支撑专业毕业要求中的"设计/开发解决方案"和"研究",是对专业学生污染治理方案设计和实践动手能力培养的关键教学环节,可以引导学生理论联系实践,理解实验设计、操作和结果分析的研究过程,达到解决复杂环境工程问题的目的。该课程的学习还可以强化学生吃苦耐劳、团队协作和终身学习的能力。

　　《环境工程综合实验简明操作指导》由上海工程技术大学环境工程专业任课教师在历年使用的自编教材(学时为 2 周)的基础上整理、编写而成。该专业于 2005 年首次招生,经过近二十年的专业建设,实验条件和师资力量得到了大幅度提升。该专业于 2019 年通过国家工程教育专业认证,并成为上海市一流本科专业建设点,于 2020 年成为国家级一流本科专业建设点。

　　本书的出版得到了"新工科"专业建设项目的支持。我们希望本书成为一本适合应用型人才培养的特色实践教材:实验项目密切结合专业能力培养,理论联系实际,追求"综合性＋创新性""深度＋广度"和绿色低碳的实验内涵;实验步骤讲解通俗易懂,实验过程可操作性强。本书适合应用型大学环境工程、市政工程专业学生阅读、参考,也可为从事环境工程技术人员研发工程方案提供参考。

　　由于编者的理论和实践水平有限,书中难免有疏漏和不足之处,欢迎广大读者批评指正。

目　　录

第一篇

气固污染处理实验

实验一　旋风-袋式组合式除尘功效分析

1. 实验目的与意义

将粉尘从废气中分离出来的设备叫除尘器,其性能可以用所处理的气体流量、气体通过除尘器时的压力损失和除尘效率来表征。目前,除尘工艺主要有旋风除尘、静电除尘、水浴除尘、袋式除尘及其组合工艺。各种除尘工艺具有不同的特点,如表 1-1 所示。

表 1-1　除尘工艺对比

类　型	设　备	除尘效率/%	压力损失/Pa	适用粒径/μm	运行费用	投资成本
机械式	旋风除尘器	60～70	800～1 500	5～30	中	低
静电式	静电除尘器	90～98	50～130	0.5～1	中上	高
湿　式	水浴除尘器	80～95	600～1 200	1～10	中下	中
过滤式	袋式除尘器	95～99	800～1 500	0.5～1	高	中上

注:数据来自《环境工程设计》[①]。

各种除尘装置可以单独使用,有时为了更好地适应工况、提高除尘效率,还可以以组合方式应用。上海某铸造厂曾采用旋风除尘与袋式除尘联合工艺,配以三级水冷却器进行除尘工艺改造,其在投入使用后,不同时间段的旋风除尘效率为 67.3%～91%,袋式除尘效率为 74.2%～98.8%,这表明该工艺的除尘效率高、节能显著、运行可靠。

本实验的目的:

(1)熟悉旋风除尘和袋式除尘装置的组成、功能及工作原理,掌握除尘器性能测定的主要内容和方法;

(2)明确影响除尘器除尘性能的主要因素,掌握入口粉尘的密度、粒度、浓度及系统风速、流量等因素对除尘器除尘效率的影响,熟悉除尘器的应用条件,进而分析旋风-袋式组合式除尘装置的工艺优势和总体除尘效能。

2. 实验预习

通过查阅文献,了解大气除尘技术现状,特别是组合工艺应用现状。针对旋风除尘和袋

---

① 童华.环境工程设计[M].北京:化学工业出版社,2009.

式除尘工艺,自行设计实验方案,考查设备的除尘应用条件和除尘效果。

3. 实验原理

实验系统为旋风除尘器与袋式除尘器的组合净化装置。前级采用旋风除尘器进行预处理,对于高浓度含尘气体,其除尘效果显著,可大幅度降低后续除尘工艺的污染负荷;后级采用袋式除尘器进行进一步高效除尘,且减缓滤袋堵塞速度。

旋风除尘器是利用旋转气流所产生的离心力将粉尘从含尘气体中分离出来的除尘装置(图1-1),具有结构简单、造价低、设备维护修理方便等优点。其主要的工作原理如下:利用含尘气体的入流速度使气流在其中沿一定方向做连续旋转运动,气流中的粉尘在离心力的作用下被甩向外壁,由于重力作用及向下气流的带动而落入底部集尘斗中,向下的气流在到达锥体的底部后沿轴心部位转而向上,形成旋转上升的内涡旋并从出口排出。

袋式除尘器是一种过滤式除尘装置,使含尘气体通过无纺布或植物纤维滤材而将粉尘分离、捕集(图1-2),因具有除尘效率高、性能稳定可靠及操作简单等优点而广泛应用在工业尾气处理中。其主要的工作原理如下:含尘气体从进气管进入,从下部进入圆筒形滤袋,粉尘被捕集于滤布表面,通过滤布的净化气体由排气管排出,沉积在滤布上的粉尘可在振动的作用下从滤布表面脱落并落入灰斗中。

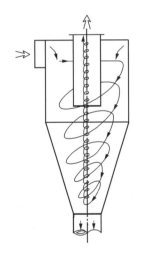

图1-1 旋风除尘器

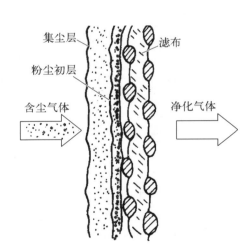

图1-2 袋式除尘器

因为滤料本身的网孔较大,所以新鲜滤料的除尘效率较低,粉尘因截流、惯性碰撞、静电和扩散等作用逐渐在滤布表面形成粉尘层,常称为粉尘初层。粉尘初层形成后,它成为袋式除尘器的主要动态过滤层,提高了除尘效率。滤布起到形成粉尘初层的作用和支撑它的骨架作用,但随着粉尘在滤袋上积聚,滤袋两侧的压力差增大,会把一些已附在滤袋上的细小粉尘"挤压"过去,使得除尘效率显著下降。另外,若除尘器的阻力过高,则会使除尘系统处理的气体流量显著下降,从而影响生产系统的排风效果。因此,在除尘器的阻力达到一定数值后,要及时清灰。

本实验采用静压法测定旋风除尘器的压力损失(Δp,Pa)。因为本实验装置中除尘器进

口接管与出口接管的断面积相等、气流动压相等,所以除尘器的压力损失等于进口接管与出口接管的断面静压之差,即

$$\Delta p = p_{si} - p_{so} \tag{1-1}$$

式中　p_{si}——除尘器的进口静压,Pa;

　　　p_{so}——除尘器的出口静压,Pa。

本实验采用质量法测定除尘效率(η),测出同一时段进入除尘器的粉尘质量和除尘器捕集的粉尘质量,即

$$\eta = \frac{G_s}{G_f} \times 100\% \tag{1-2}$$

式中　G_s——除尘器捕集的粉尘质量,g;

　　　G_f——进入除尘器的粉尘质量,g。

本实验采用静压法测定气体流量(Q,m³/h):

$$Q = \varphi A \sqrt{\frac{2 \mid p_s \mid}{\rho}} \tag{1-3}$$

式中　p_s——进口处气流平均静压,Pa;

　　　φ——流量系数,取 0.99;

　　　ρ——空气密度,取 1.299 g/m³;

　　　A——阀管截面积(内径),m²。

4. 实验设备

实验采用旋风-袋式组合式除尘装置,如图 1-3 所示。

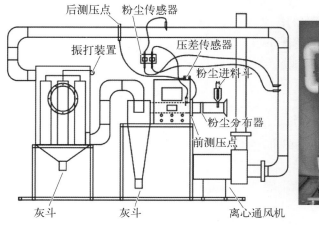
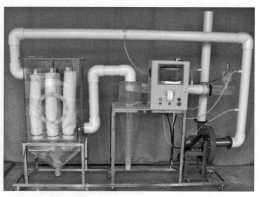

图 1-3　数据自动采集旋风除尘与袋式除尘组合式除尘实验装置

本系统可作为教学演示和验证装置,同时通过适当改造后可进行除尘研究实验,可选用滑石粉、淀粉、硅藻土等粉尘进行实验。

实验装置的外形尺寸：长 2 500 mm，宽 600 mm，高 1 700 mm。该装置包括 1 套有机玻璃材质旋风除尘器、1 套袋式除尘器、6 个滤袋、1 套气尘混合器、1 套振打电机、1 套粉尘自动加料设备、1 套卸除灰尘设备、1 台离心通风机、1 套不锈钢风量调节阀、1 只电控箱，另有漏电保护开关、按钮开关、Φ110 mm PVC 连接管路、带移动轮子的不锈钢支架等。

滤袋的材质为涤纶针刺毡覆无纺布，采用内滤式过滤；滤袋的规格为 Φ140 mm × 600 mm，有效过滤面积为 0.35 m^2。

系统配置有 1 套微电脑粉尘进、出浓度检测系统，1 套风压检测系统，1 套管道内在线温度、湿度检测系统。数据采集及控制系统采用西门子 PLC 触摸屏，外围设备的启、停操作可以在触摸屏上完成。

实验装置的技术指标：电源电压为 220 V，功率为 1 600 W，环境温度为 5～40℃，处理风量为 200～300 m^3/h，除尘效率为 75％～85％，压力损失小于 2 000 Pa，气体含尘浓度低于 50 g/m^3，旋风除尘器的切向入口风速为 15～20 m/s，袋式除尘器的过滤速度为 1 m/min。

5. 参考实验步骤

（1）检查设备系统外况和全部电气连接线有无异常（如管道设备有无破损等），待一切正常后开始操作。

（2）打开电控箱总开关，合上漏电保护开关。

（3）在风量调节阀打开的状态下，点击触摸屏上的风机启动按钮。

（4）通过调节风量阀门至 30°、45°、60°，在不同风速下进行实验。

（5）将一定量的粉尘加入粉尘分布器中，点击粉尘分布器启动按钮，通过调节转速来控制加灰速度。

（6）读取触摸屏上的数据，采集风量，风速，风压，除尘效率，粉尘进、出浓度，环境温度和空气湿度数据。

（7）按上述步骤进行后续不同密度、不同粒径粉尘的除尘实验。

（8）实验过程中观察袋式除尘器两端的压差变化，当压差传感器显示除尘器的压力损失上升到 1 000 Pa 时，在风机正常运行的情况下启动振打电机进行清灰 2 min，振打电机的启动频率取决于气流中的粉尘负荷；在处理风量较大的运行工况时，若采用以上方式清灰后，袋式除尘器的压力损失仍继续上升到 1 600 Pa 以上，则须关闭发尘装置和风机，停止进气，振打滤袋 5 min，使滤袋黏附的粉尘脱落、下落到灰斗中。接着重新开启风机进行进气，调节系统流量，重新发尘，使除尘系统重新开始工作。

（9）实验完毕后先依次关闭发尘装置、风机，然后启动袋式除尘器的振打电机进行清灰 5 min，待设备内粉尘沉降后清理卸灰装置。

（10）关闭控制箱主电源，检查设备状况，待没有问题后离开。

6. 数据记录及分析

实验数据可以参考表 1－2 进行收集，分析不同密度、不同粒度的粉尘在不同浓度、不同风速条件下的旋风除尘器、袋式除尘器及两者组合装置的除尘效果。

表 1－2 实验数据记录表

项目	进口静压/Pa	出口静压/Pa	压力损失/Pa	进尘量/g	捕集量/g	除尘效率/%	气体流量/(m³/h)	备注
1								
2								
…								

7. 注意事项

（1）实验前注意进风管道和除尘器内部不要有粉尘残留。

（2）实验过程中注意粉尘的危害,做好防护。

（3）发尘要尽量均匀,发尘完毕后注意及时清灰。

（4）长期不使用时,应将装置内的灰尘清干净,放在干燥、通风的地方;再次使用时,要将装置内的灰尘清干净后使用。

8. 思考题

（1）对比分析旋风和袋式两种除尘工艺的特点及两者的协同除尘效果。

（2）某乡镇木材加工厂车间需要进行环保除尘治理,试对该车间的环保除尘治理方案进行设计,并且阐述理由。

实验二　垃圾厌氧生物转盘
处理及臭气净化

1. 实验目的与意义

适合于厌氧发酵的垃圾类型一般为湿垃圾。根据《上海市生活垃圾管理条例》中上海市生活垃圾分类标准:"湿垃圾,即易腐垃圾,是指食材废料、剩菜剩饭、过期食品、瓜皮果核、花卉绿植、中药药渣等易腐的生物质生活废弃物。"湿垃圾含水量高,难以通过直接焚烧或填埋进行处置,一般需要进行脱水减量及稳定化处理。

湿垃圾厌氧发酵是指利用厌氧微生物将湿垃圾转换成沼气、沼液和沼渣。沼气可以通过燃烧供热或发电,以实现资源利用;沼液经过水处理系统处理达标后排放;对于减量后的沼渣,可以采用水热、热解及焚烧工艺处置。

然而,沼气含有的微量硫化氢及还原性有机臭气会对环境和人体造成危害,我国对环境大气、车间空气及工业废气中的硫化氢浓度已有严格规定。因此,在沼气利用之前,要除去其中的硫化氢等致臭物质。

本实验的目的:

(1) 了解湿垃圾粉碎、过滤预处理制备有机浆料的工艺过程;

(2) 掌握湿垃圾有机浆料厌氧生物转盘发酵工艺的运行方法;

(3) 评价沼气喷淋-滴滤池生物脱硫脱臭工艺的功效。

2. 实验预习

通过查阅文献,特别是厌氧生物转盘发酵工艺运行方面的文献,自行选择湿垃圾材料,围绕实验目的,利用厌氧生物转盘实验装置,小组设计可操作性较强的实验方案,确定工艺操作参数。实验内容应具有一定的创新性和实用性。

3. 实验原理

废水厌氧处理过程主要分为水解酸化阶段和产甲烷阶段。与好氧工艺相比,厌氧工艺具有节能、污泥产量低、营养物需求量小和容积负荷高等优点,但同时存在启动时间长、运行稳定性差、碱度补充量大、处理程度低及产生臭气等缺点。

废水厌氧处理工艺包括厌氧消化池、厌氧接触氧化池、上流式厌氧污泥床(UASB)、厌氧流化床(AFB)等。本实验采用厌氧生物转盘(AnRBC)工艺。该反应器中有带有旋转水平轴的队列式密封长圆筒,轴上装有一系列圆盘。运行时,圆盘大部分浸在废水中,厌氧微生物附着在旋转的圆盘表面并形成生物膜,吸附废水中的有机物并产生沼气。

影响厌氧发酵的因素较多,主要包括废水的 pH、温度、搅拌混合条件、营养比和有毒物质。这些因素关系到工艺的废水处理效果,甚至系统运行的成败。

沼气含有一定量的硫化氢气体,不仅会影响沼气的使用,而且会污染环境,因此需要处理。本实验采用滴滤池工艺对硫化氢进行吸收及生物处理。在滴滤池内喷淋的过程中,含硫化氢的气体与含氢氧根离子的喷淋水大面积逆向接触,硫化氢在弱碱性(pH＝8～9)环境中被吸收,与氢氧根离子发生化学反应,净化后的沼气从洗涤塔顶部逸出。

$$H_2S + OH^- \longrightarrow HS^- + H_2O$$

含硫化氢的溶液在滴滤池生物反应器中,在限制供氧条件下被氧化为单质硫和碱。

$$2HS^- + O_2 \longrightarrow 2S + 2OH^-$$

对于硫化氢浓度的测定,可采用硫化氢测定仪、三点比较式臭袋法等测定方法。

4. 实验设备

实验装置如图 2-1 所示。实验系统包括转动电机、调速电机(转速:10～60 r/min)、转轴和转盘、废水槽、废水箱、计量泵、液体流量计、电控箱、漏电保护开关、按钮开关、小型生物滴滤池、喷淋头、喷淋水泵、增压泵、连接管道和球阀、带移动轮子的不锈钢台架等。

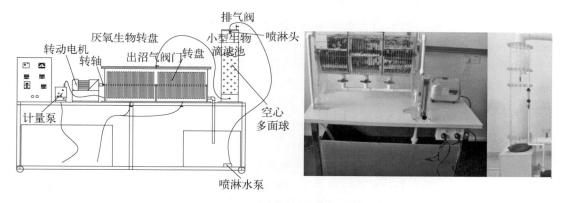

图 2-1　厌氧生物转盘-生物滴滤池沼气净化装置

厌氧微生物附着在转盘表面,可以保持较长的污泥停留时间(SRT),代谢废水中的有机物。相比于好氧生物转盘,厌氧生物转盘在构造上有以下特点:

(1) 不考虑利用空气中的氧,圆盘在反应槽的废水中的浸没深度一般大于好氧生物转盘,通常采用 70%～100%,转轴带动圆盘连续旋转,使各级转盘达到混合;

(2) 为了在厌氧条件下工作,同时有助于收集沼气,一般将转盘加盖密封,在转盘上形成气室,以利于沼气的收集和输送。

根据厌氧生物转盘的工作原理,虽然它属于生物膜法反应装置,但在实际运行过程中,厌氧生物膜与厌氧活性污泥是共生状态。因此,反应器中是厌氧生物膜上的微生物和悬浮生长的厌氧活性污泥共同起作用的。

本实验系统中采用喷淋生物滤池除臭,作为最常见的一种废水处理工艺,已经有多年的应用历史,是一种以塑料或者惰性矿物材料作为微生物附着生长介质的反应器,当废水从装有配水系统的塔顶淋下,成滴滤状态流过滤料时,会在滤料表面形成生物膜,可以降解废水中的污染物。

本实验装置中生物滴滤池与厌氧生物转盘连通,厌氧发酵产生的还原性有机臭气可以在滴滤装置中得以淋洗吸收后进入喷淋液中,从而达到沼气除臭效果,而喷淋液中吸收的污染物则可以循环于生物滴滤池中进行生物降解。

5. 参考实验步骤

(1)自行选择湿垃圾材料,通过粉碎、过滤、除油制备浆液,残余滤渣可以考虑进行热解处理。

(2)转盘挂膜:前期可以采用间歇运行方式,湿垃圾浆液中有机物浓度按生物转盘表面负荷设计参数自行确定,N、P 及其他营养元素按比例适量加入(COD、N、P 的比例为 800∶5∶1)。采用接种培养法,将厌氧污泥(也可以用活性污泥替代)与湿垃圾浆液废水混合运行;启动转动电机,使生物转盘开始运转,通过调速电机调节转速,观察并描述生物转盘的挂膜情况。

(3)转盘挂膜完成后,采用连续流运行方式进行湿垃圾浆液厌氧发酵处理实验,定期分析、考查处理过程中 pH 等参数变化及 COD 去除效果,评价不同湿垃圾浆液的生化处理功效。

(4)打开厌氧生物转盘上的出沼气阀门、小型生物滴滤池上的排气阀,使厌氧室产生的沼气流入小型生物滴滤池中,打开喷淋水泵,进行喷淋处理,观察小型生物滴滤池中微生物挂膜情况及臭气去除效果。

(5)实验期间,每日收集实验数据,分析并讨论后续实验方案。

(6)实验结束,冲洗清理实验设备,关闭电源。

6. 数据记录及分析

认真记录湿垃圾的选取、预处理、生物处理各实验环节,生化实验期间观察、评价实验系统中生物转盘、生物滴滤池内微生物的生长情况及生物气(甲烷和二氧化碳)的产生情况,实验数据收集参考表 2-1,评价 COD、硫化氢、气味的去除效果。

表 2-1 实验数据记录表

日期	水温/℃	进水 pH	出水 pH	进水 COD /(mg/L)	出水 COD /(mg/L)	进气 H_2S 浓度/(mg/L)	出气 H_2S 浓度/(mg/L)	气味变化

计算 COD 去除率：

$$\eta = \frac{S_0 - S_e}{S_0} \times 100\%$$ (2-1)

式中 S_0——进水 COD，mg/L；

         S_e——出水 COD，mg/L。

7. 注意事项

（1）注意厌氧产物硫化氢气体的浓度与毒性，做好实验安全防护工作。

（2）湿垃圾中的油脂需采用预处理工艺去除，避免对生物处理系统产生影响。

（3）生物滴滤池中的填料对污染物去除影响较大，需要认真选择。

8. 思考题

在垃圾分类以后，主要采用哪些工艺处理湿垃圾？处理效果如何？

实验三　污泥比阻测定实验

1. 实验目的与意义

污水处理过程中会产生一定量的污泥,城市污水处理厂产生的污泥量约为处理水体积的1％。污泥按照其来源可分为初沉污泥、剩余活性污泥、消化污泥和化学污泥等。

通过降低含水率使污泥减量是其后续处置和资源化的前提。污泥处理一般包括浓缩、稳定、调理、脱水等工艺。通过重力浓缩的污泥,其含固率可以提高到1.5％～8％。一般将污泥的含水率降低到80％以下的操作过程称为脱水。污泥脱水分为自然脱水和机械脱水等,常用的机械脱水工艺有真空过滤、板框压滤、带式压滤和离心等。

有些污泥,如生化污泥,含有大量的亲水性的胶体,带负电,重力沉降性很差,机械脱水难度大,需要进行预处理以改善污泥的脱水性能、提升脱水效果,这个过程称为污泥的调理或调质,常用方法包括加药、淘洗、热处理和冷处理等,投加无机盐或高分子混凝剂是一种传统的调理方法。

污泥的比阻(或称比阻抗)是表示污泥脱水性能的综合指标,也是评价污泥调理效果的指标。污泥的比阻越大,脱水性能越差,反之脱水性能越好。通过调理,污泥的比阻得到大幅度下降,说明调理工艺效果显著。

本实验的目的:
(1) 掌握污泥比阻测定的实验方法;
(2) 明确污泥的调理对污泥脱水性能的影响。

2. 实验预习

查阅相关文献,明确不同污泥调理工艺的优缺点及其对污泥脱水性能的影响。初步确定实验方案,包括选取污泥类型、污泥调理方法、调理工艺参数,以及通过测定污泥的比阻来评价调理工艺对污泥脱水性能的影响。

3. 实验原理

污泥的比阻(r):在1 m²过滤面积上截留1 kg干泥,滤液通过滤纸时所克服的阻力(工程单位制单位为m/kg)。污泥的比阻在数值上等于滤液(黏度为1 kg·s/m²)通过单位面积的泥饼时产生单位滤液流率所需要的压差,即

$$r = \frac{2bpA^2}{\mu c} = k\frac{b}{c} \qquad (3-1)$$

式中 p——过滤压力,kg/m^2;

       A——过滤面积,m^2;

       b——与单位时间内过滤的滤液体积相关,可由实验求得,s/mL^2;

       c——过滤单位体积的滤液时截留的干固体量,kg/m^3;

       μ——滤液的动力黏度,$kg \cdot s/m^2$。

影响污泥脱水性能的因素较多,主要有污泥的浓度(或含水率)、污泥的种类及性质、污泥预处理方法、压力差、过滤介质的种类及性质。过滤开始时,滤液只需克服过滤介质的阻力,在滤饼逐步形成后,滤液还需克服滤饼本身的阻力。

滤饼按照其性质可分为两类:一类为不可压缩性滤饼,如沉砂、初沉等无机物含量较高的污泥所形成的滤饼;另一类为可压缩性滤饼,如活性污泥所形成的滤饼,在压力作用下,污泥悬浮颗粒会变形。

向污泥中加入混凝剂、助滤剂等化学试剂,可以调理污泥的脱水性能,使其比阻下降,从而提升脱水效果。

过滤基本方程为

$$\frac{t}{V} = \frac{\mu rc}{2pA^2}V \qquad (3-2)$$

式中 t——过滤时间,s;

       V——滤液体积,m^3;

       p——真空度,Pa;

       c——过滤单位体积的滤液时在过滤介质上截留的固体(滤饼)质量,kg/m^3;

       r——比阻,s^2/g 或 m/kg(s^2/g 为 CGS 单位,m/kg 为 SI 单位,它们之间的换算关系为 $1\ s^2/g = 9.81 \times 10^3\ m/kg$)。

过滤基本方程给出了在过滤压力一定的条件下,滤液体积与过滤时间之间的函数关系,反映了过滤面积 A、过滤压力 p 和污泥的性质 μ、c、r 对过滤的影响。

将过滤基本方程改写为

$$b = \frac{t/V}{V} = \frac{\mu rc}{2pA^2} \qquad (3-3)$$

以抽滤实验为基础,测定一系列的 $t\sim V$ 数据,即测定不同过滤时间 t 下的滤液体积 V,并且以滤液体积 V 为横坐标,以 t/V 为纵坐标,所得直线的斜率为 b(图 3-1),接着由上面公式可计算出污泥的比阻 r。

c 的求法根据所给定义有

$$c = \frac{(Q_0 - Q_y)c_d}{Q_y} \qquad (3-4)$$

式中 Q_0——过滤污泥流量,mL/s;

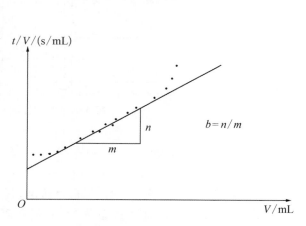

图 3-1   图解法求 b 值

Q_y——滤液流量，mL/s；

c_d——滤饼的固体浓度，g/mL。

一般认为比阻大于 10^9 s^2/g 的污泥难以过滤，比阻为 $(0.5\sim1)\times10^9$ s^2/g 的污泥属于中等过滤难度，比阻小于 0.5×10^9 s^2/g 的污泥容易过滤。难过滤的污泥在脱水过程中往往要进行化学调理，例如可向污泥中投加混凝剂来降低污泥的比阻，改善污泥的脱水性能。因此，污泥的性质和混凝剂的种类、浓度、投加量，以及反应时间等均影响化学调理的效果。在相同的实验条件下，选择不同的化学试剂、投加量和反应时间，通过污泥比阻测定实验确定最佳的脱水条件。对于无机混凝剂，如 $FeCl_3$、$Al_2(SO_4)_3$ 等，其投加量一般为干污泥重的 $5\%\sim10\%$；对于高分子混凝剂，如聚丙烯酰胺、碱式氯化铝等，其投加量一般为干污泥重的 1%。

4. 实验装置

污泥脱水时，依靠过滤介质（滤纸、滤膜等多孔过滤材料）两面的压力差作为推动力，使污泥中的水分强行通过，固体颗粒被截留在过滤介质上，从而达到脱水的目的。室内实验时，可以采用真空泵抽滤来产生压力差，通过调节阀调节，使整个实验过程中的压力差保持恒定。

污泥比阻测定实验装置如图 3-2 所示。装置总尺寸为 800 mm×400 mm×1 200 mm，包括抽滤筒、300 mL 量筒、布氏漏斗（直径为 60～100 mm）、抽气接管、连接管、真空压力表、循环水式多用真空泵、不锈钢台架等。抽滤筒尺寸为 Φ150 mm×250 mm。

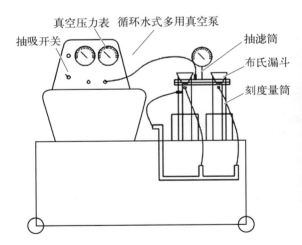
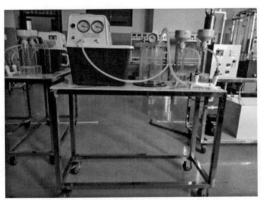

图 3-2　污泥比阻测定实验装置

5. 参考实验步骤

（1）测定污泥的含水率，求出其固体浓度 c_0。

（2）当采用化学试剂调理工艺时，配制混凝调理剂，如 $FeCl_3$（10 g/L）或聚丙烯酰胺（0.3%）等。

（3）调理污泥（每组加一种混凝剂）：当选用 $FeCl_3$ 混凝剂时，其投加量分别为干污泥质量的 0（不加混凝剂）、2%、4%、6%、8%、10%；当选用聚丙烯酰胺时，其投加量分别为干污泥质量的 0、0.1%、0.2%、0.5%。

（4）在布氏漏斗上放置滤纸（或滤膜），用水润湿，使其贴紧周边和底部。

（5）开启真空泵，调节真空压力，大约比实验压力小 1/3 时关闭真空泵。

（6）加入 100 mL 实验用污泥于布氏漏斗中，开启真空泵，调节真空压力至实验压力；开始启动秒表，并且记下开始时量筒内的滤液体积 V_0。

（7）每隔一段时间（开始过滤时可每隔 10 s 或 15 s，滤速减小后可增至 30 s 或 60 s）记下量筒内相应的滤液体积 V'。

（8）当滤饼干裂、真空过滤环境遭到破坏时，实验结束；若真空过滤环境长时间未被破坏，则过滤 20 min 后即可停止。

（9）关闭阀门，取下滤纸并放入称量瓶内，称量烘干前的质量。

（10）将滤饼于 105℃的烘箱内干燥 2 h 左右，称量干滤饼的质量。

6. 数据记录及分析

（1）测定并记录实验基本数据，记录格式如下：

实验日期：_____年_____月_____日

原污泥的含水率（%）：_____　　　原污泥的固体浓度（mg/L）：_____

不加混凝剂的滤饼的含水率（%）：_____

加混凝剂的滤饼的含水率（%）：_____

实验的真空度（mmHg）：_____

（2）将布氏漏斗实验所得数据按表 3-1 记录并计算。

表 3-1　布氏漏斗实验所得数据记录表

时间 t/s	量筒内滤液体积 V'/mL	滤液体积 $V=V'-V_0/mL$	$\frac{t}{V}/(s/mL)$	备　注

（3）以 t/V 为纵坐标、V 为横坐标，作图求得直线斜率 b。

（4）根据原污泥的含水率及滤饼的含水率求出 c。

（5）列表计算污泥的比阻。

（6）以污泥的比阻为纵坐标、混凝剂的投加量为横坐标，作图求得其最佳投加量。

7. 注意事项

（1）检查量筒与布氏漏斗之间是否漏气。

（2）将滤纸烘干后称量，放到布氏漏斗中后要先用蒸馏水湿润，再用真空泵抽吸一下，并且要贴紧周边和底部，不能漏气。

（3）在污泥倒入布氏漏斗中时，因为有部分滤液流入量筒，所以正式开始实验后要记录量筒内的滤液体积。

（4）向污泥中投加混凝剂后要充分混合，以保证反应完全。

（5）在整个过滤过程中，真空度确定后要始终保持一致。

8. 思考题

（1）测定污泥的比阻有何实际意义？

（2）针对实验用污泥，你有没有其他改善污泥脱水性能的方法？

实验四 化学沉淀污泥固化处理及浸出毒性分析

1. 实验目的与意义

化学沉淀法是含重金属离子及含磷、含氟等类型废水处理中常用的工艺,该工艺的最大问题是污泥产量较大,且常含有毒、有害的重金属污染物,它们一般属于危险废物,需要合理的处理和处置。这类污泥一般先进行浓缩减量,之后进行稳定化、资源化处理和处置。

固化处理是有毒、有害污泥处置中的一种常见方法,通过添加适当的固化剂,将污泥中的有毒、有害物质固定或包覆在惰性固体材料中,以达到总体化学稳定的目的,便于填埋处置及其他途径的利用。本实验先采用化学沉淀法处理重金属废水,使废水达标排放,之后固化处理废水处理过程中产生的重金属污泥,对固化后的材料进行重金属浸出实验,以评价固化效果。

本实验的目的:

(1) 掌握化学沉淀法处理重金属废水的工艺技术,评价污泥产量及特性;

(2) 掌握污泥固化关键参数、金属固化机理及浸出实验方法。

2. 实验预习

通过查阅文献资料,确定实验技术路线。了解化学沉淀法处理重金属废水的工艺原理及操作条件,确保废水处理效果,评价污泥产量及含水率指标;掌握重金属污泥的固化方法,确定固化剂的种类、配比及固化工艺条件,明确污泥稳定化处理的原理,给出具体实验方案。实验方案应体现实用性或创新性。

3. 实验原理

(1) 化学沉淀废水处理及产生污泥评价

化学沉淀法是指通过投加化学物质,使水中的一些离子发生反应,生成难溶沉淀物,并且通过固液分离达到水质净化的目的。对于一些含重金属阳离子的废水,如含 Cu^{2+} 废水,直接调节废水 pH 就可进行化学沉淀处理,利用图 4-1 确定最佳 pH。而对于含 Cr(Ⅵ) 废水,可以先用亚铁离子等还原剂将其还原成 Cr(Ⅲ),之后进行化学沉淀处理。当然,处理重金属废水时也可以用硫离子等其他类型的沉淀剂。

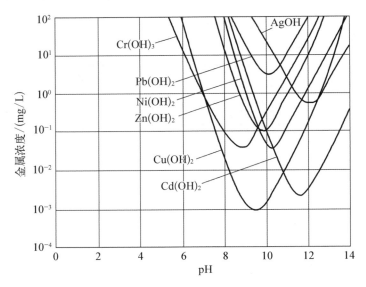

图 4-1 化学沉淀重金属废水的最佳 pH 选择[①]

化学沉淀废水处理得到的固体产物,一般颗粒较细,自然沉淀时间长,固液分离效果差,可进行混凝沉淀,以强化沉淀效果。废水处理后,上清液达标排放,沉淀污泥经浓缩处理后进行固化处理。

(2)污泥固化处理

污泥固化是指添加固化剂于污泥中,通过化学反应形成稳定的固体物质,能够对重金属等污染物形成封闭效应,因此该工艺可用于填埋的预处理。固化制备的材料如果具有较高的强度和较差的透水性能,经过安全评价后就可以作为建筑材料的替代品。

水泥及其与黏土、石灰、飞灰、活性白土、沥青、生物质灰、硫化物等的复合材料是良好的污泥固化材料。水泥水化形成的结晶体可以将污泥微粒包裹起来,使污泥中的有毒、有害物质被封闭在固化体内或水泥基体晶格中,同时水泥具有较高的 pH,使污泥中的重金属离子形成难溶氢氧化物或碳酸盐等,从而达到稳定化、无害化的目的。

为节约水泥用量,有研究采用稻壳烧灰代替部分水泥作为固化剂来处理污泥,实验中污泥、水泥、稻壳烧灰的用量比为 10∶3∶1,固化产品的抗压强度和重金属浸出浓度都达到填埋标准。也有研究采用水泥、石灰和粉煤灰这三种稳定化工艺对重金属铅、镉、铬、铜等浸出毒性的影响进行实验,结果表明,当水泥添加量为 8%、石灰添加量为 10% 和粉煤灰添加量为 10% 时,固化污泥满足 GB 18598—2019《危险废物填埋污染控制标准》的要求。

4. 实验原料与设备

(1)原料及药品

原料包括重金属废水、水泥、沸石、膨润土、高岭土、硅藻土、蛭石等,以及微孔滤膜(孔径为 0.45 μm);药品包括醋酸溶液(pH=2.88±0.05)、混凝剂、酸碱指示剂等。为体现绿色实

---

① 梅特卡夫和埃迪公司.废水工程处理及回用[M].秦裕珩,等译.4 版.北京:化学工业出版社,2004.

验过程,可以采用离子交换实验所产生的重金属再生液作为原水进行化学沉淀实验。

（2）实验设备与仪器

主要设备与仪器有烧杯、搅拌机、烘箱、振荡器、提取瓶、压力过滤器、天平、筛分设备等。采用电感耦合等离子体（ICP）或原子吸收光谱（AAS）方法测定重金属元素含量。

5. 参考实验步骤

（1）将一定体积的含重金属离子的废水倒入烧杯中,加碱调节至适当的 pH,先进行化学沉淀（或还原化学沉淀）实验,之后投加不同混凝剂进行混凝沉淀实验,获得最佳沉淀工艺条件和参数。

（2）在最佳沉淀工艺条件下,废水经过化学沉淀-混凝沉淀后,取上清液并经过微孔滤膜过滤,分析水样中重金属含量,评价废水处理效果。

（3）过滤或离心沉淀污泥,获得浓缩重金属污泥样品,进行固化处理实验。

（4）使用水泥固化时,采用实验预习设定方案进行实验,选择正确的固化材料和固化工艺条件,建议选用水泥基固化剂。固化后的材料可以置于管式炉中,选择不同温度进行烧结。

（5）浸出液的制备方法及浸出实验步骤按照国家标准 HJ 557—2010《固体废物　浸出毒性浸出方法—水平振荡法》执行。参考步骤如下：

① 将污泥烧结样品研磨成 5 mm 以下的粒度试样；

② 称取 10 g 试样,置于锥形瓶中,加 100 mL 去离子水,将瓶口密封；

③ 将锥形瓶固定于振荡器上,调节频率为 110 次/min,在室温下振荡浸取 8 h；

④ 取下锥形瓶,静置 16 h,用微孔滤膜过滤,分析滤出液中重金属浓度。

6. 数据收集及分析

废水化学沉淀-混凝沉淀实验数据收集：实验温度,废水 pH 的调节过程,沉淀剂的种类和投加量,搅拌动力条件,反应时间,沉淀时间,废水的重金属去除率等。

污泥固化处理实验数据收集：固化材料的选择和配方,固化剂的投加比例,搅拌强度和反应时间,烧结温度和烧结时间,重金属浸出浓度等。

通过不同实验条件下的效果对比,获得最佳工艺参数。

7. 注意事项

（1）注意重金属废水中重金属的存在状态,如果有重金属配合物,那么需要先氧化分解有机物,之后进行化学沉淀-混凝沉淀实验。

（2）含重金属离子的污水、污泥有一定的毒性,操作过程中注意防护,不要直接接触皮肤。

8. 思考题

（1）化学沉淀法处理重金属废水工艺评价。

（2）目前污泥固化工艺的优缺点。

实验五　建筑垃圾破碎分选及资源化

1. 实验目的与意义

建筑垃圾是指建筑物新建、改建、扩建或者拆除过程中产生的固体废弃物。随着城市化进程的不断加快和人们生活水平的不断提高,城市中建筑垃圾的产生和排出数量在快速增长,占垃圾总量的 30%～40%,大城市繁荣的背后往往是许多建筑装饰废弃物的污染。完善再生资源回收体系,推进建筑垃圾资源化利用,是加快推进生态文明建设的重要内容。如何处理和利用越来越多的建筑垃圾,已成为环境工程领域面临的一个重要技术课题。

垃圾是放错了地方的资源。建筑垃圾包括水泥块、砖块、土壤、轻有机物(如塑料、纤维、木材等)等,其成分复杂、硬度差异大、成品的使用场所有限,这样如何有效分离建筑垃圾中的混合物是建筑垃圾回收利用的关键和难点。

《上海市建筑垃圾处理管理规定》(2017)明确了建筑垃圾分为建设工程垃圾和装修垃圾两大类,而其中的建设工程垃圾又分为工程渣土、泥浆、拆除工程中产生的废弃物。工程渣土和泥浆可进入消纳场所进行消纳。装修垃圾和拆除工程中产生的废弃物需要经过破碎、分拣、筛分、磁选等工序,作为再生资源被重新利用,例如:废弃混凝土可用于生产粗、细骨料,还可用于生产混凝土、砂浆或制备建材制品;废弃路面沥青混合料可按适当比例直接用于再生沥青混凝土;将废旧砖瓦加工成粉体材料,可作为混凝土掺合料使用,也可用于有害污泥的固化。

本实验的目的:

(1) 掌握建筑垃圾的破碎、筛分和分拣工艺及操作方法;

(2) 探索建筑垃圾资源化途径。

2. 实验预习

因为建筑垃圾的来源广、成分复杂,所以需要对建筑垃圾的预处理与资源化利用的技术、工艺、设备等都要有全面的了解和掌握。通过查阅文献或实地调研,选择一种建筑垃圾类型,进行预处理及资源化利用实验方案设计。

3. 实验原理

建筑垃圾首先经过人工破袋和人工分拣,将体积或面积较大的有机物质及大金属块分选出来,之后进行机械破碎分拣。破碎分拣处理设备主要包括破碎机、振动筛、弹跳筛、支撑筛、带式输送机、风机、磁选设备等，针对不同类型的建筑垃圾，这些设备可按需组合。

（1）建筑垃圾的破碎

建筑垃圾破碎后可以应用于混凝土、骨料、公路水稳层制砖和填料等。建筑垃圾一般由砖块、混凝土等中软硬质石料组成，由于原料的硬度不高，对破碎设备的磨损并不多，一般情况下使用反击式破碎机或者重锤式破碎机即可进行有效的破碎，对于进料粒径在 600 mm 以下的建筑垃圾，配套颚式破碎机即可。

颚式破碎机，俗称颚破，又名老虎口，破碎方式为曲动挤压型，运作原理为模拟动物的两颚运动。工作时，电动机驱动皮带和皮带轮，通过偏心轴使动颚上、下运动。当动颚上行时，肘板和动颚板间夹角变大，从而推动动颚板向定颚板接近，物料通过两颚板之间的挤压、搓、碾等实现多重破碎；当动颚下行时，肘板和动颚板间夹角变小，动颚板在拉杆、弹簧的作用下离开定颚板，已破碎物料在重力的作用下经颚腔下部的出料口自由卸出。随着电动机的连续转动，动颚做周期性的压碎和排料，从而实现批量生产。该设备广泛运用于矿山冶炼、建材、公路、铁路、水利和化工等行业中各种矿石与大块物料的破碎，被破碎物料的最高抗压强度为 320 MPa。

（2）建筑垃圾的筛分

筛分是利用筛子将粒度范围较大的混合物料按粒度大小分成若干不同级别的过程。它主要与物料的粒度或体积有关，比重和形状的影响很小。

滚筒筛是固体废物处理中常用的筛分设备之一，主要用于中碎、细碎物料的分级筛选，在石料场中可用于大、小石子分级，并且对石料外部的泥土和石粉进行分离作业，在砂石场中可用于砂石的相互分离筛选，在化工、煤炭工业中可用于块状、粉状物料的筛选作业。该设备的适用范围极为广泛，对工作环境要求低，并且可根据不同的物料需求定制不同型号和规格的滚筒筛设备，以满足不同的生产需要。

（3）建筑垃圾的除铁

建筑垃圾经过破碎、筛分之后，砂石料经过皮带输送机运输至磁选机中进行除铁处理，这样既能实现金属再回收利用，又能有效防止尖锐的金属损坏下一道工艺设备，以防影响正常工序的顺利进行。

一般采用磁场分选原理进行除铁，在磁选过程中，矿粒受到多种力的作用，除磁力外，还有重力、离心力、水流作用力及摩擦力等。当磁性矿粒所受磁力大于其余各力之和时，它就会从物料流中被吸出或偏离出来，从而实现不同磁性矿物的分离。

（4）回收利用

废混凝土粉碎后可以直接应用于道路路面、各种地基的建设，或与新的混凝土按比例调和，充当着辅料的角色，也可以作为再生骨料被重新应用。

废旧沥青可以通过热施工和冷施工两种方法进行重新加工。热施工法是指对回收的废沥青混凝土和沥青混凝土的新料进行比例调配，只要经过检测并达到可以使用的标准，就可以实现二次使用。冷施工法是指对回收的废沥青混凝土进行粉碎工作，在沥青道路层进行铺设，铺设好之后在上层进行新的沥青混凝土的铺设，保证对废沥青混凝土的完全覆盖。

旧木材、木屑可以直接作为木料得到继续应用，也可以将其加工制成复合板材，或将碎木、锯末等运用到燃料堆肥原料厂和侵蚀防护工程中，以达到物尽其用的目的。

4. 实验装置

实验装置如图 5-1～图 5-3 所示。

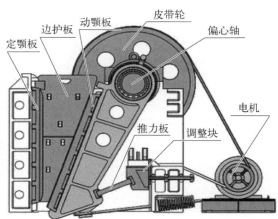

图 5-1　实验用颚式破碎机

图 5-1 所示的颚式破碎机的外形尺寸为 1 460 mm×760 mm×980 mm,质量为 500 kg。其主要技术参数如下:进料口尺寸为 150 mm×250 mm,排料调节范围为 0～45 mm,主轴转速为 310 r/min,进料粒度不高于 125 mm,出料粒度为(≤10)～40 mm,设备功率为 5.5 kW,采用 380 V 三相电源。

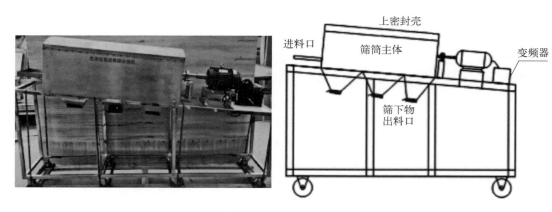

图 5-2　实验用滚筒筛分选机

图 5-2 所示的滚筒筛分选机的外形尺寸为 1 600 mm×500 mm×1 400 mm,由 304 不锈钢圆滚筒体、调速搅拌电机、筛体支撑架、减速机、滚动轴承、进料斗、活动出料斗、PVC 垃圾箱、电控箱、漏电保护开关、按钮开关、带移动轮子的不锈钢台架等组成。

电机驱动滚筒轴线做旋转运动,减速机调节筒体转速,物料由进料口进入筒体内,在旋转产生的离心力的作用下,物料在筒体内翻滚,并且自上而下通过分级筛筛网析出,由于筛网分级尺寸不同,物料逐渐被分离筛选。粒度合格的物料经筛分后落入各自的漏斗中,由人力方式运出并送往成品站。颗粒较大、分选不合格的物料经另一个出料口排出。在实验结束后,必须清扫设备,使筛网不易被阻塞。

设备主要技术参数:运动参数为 10～30 r/min,筛体长度约为 1 200 mm,筛体直径约为 700 mm,倾斜角度为 4°～9°,筛孔直径为 30～60 mm,动力功率为 1.5 kW,电源电压为 380 V。

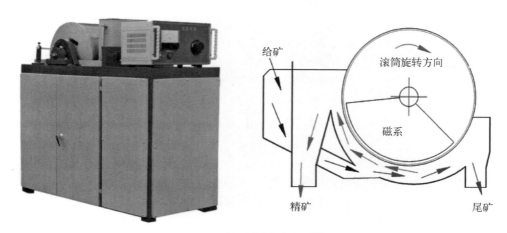

图 5 - 3 实验用鼓形湿法磁选机

图 5 - 3 所示的鼓形湿法磁选机的外形尺寸为 1 068 mm×636 mm×982 mm,主要包括机架、磁鼓、矿槽、喷水管、传动装置、给矿箱,具有体积小、质量轻、操作简单、维护方便等特点,但不宜进行带有腐蚀性液体的选矿试验。

设备机架由角钢焊制,为整个机器的支承部分。传动装置安装在机架的底部一侧,为了降低整个机器的重心,传动部分由三相交流电动机及蜗轮、蜗杆变速箱组成,变速箱的输出通过链条传动至磁鼓,带动磁鼓旋转(磁极是不随之转动的),磁鼓的转速为恒转速 25 r/min,磁鼓旋转力方向与给矿方向一致。在矿槽的给矿侧设有保持液面高度的溢流口,在排精矿槽下部设有接精矿嘴以便接矿。安装在机架上的一根带孔铜管与室内水源相接,用于磁鼓上精矿的冲洗,喷水角度可以通过旋转喷水管进行调节。

设备主要技术参数:分选转鼓尺寸为 Φ400 mm×240 mm,鼓面最高磁场强度为 105 A/m,最大给料口宽度为 9 mm,处理量为 20～50 kg/h,转鼓转速为 33 r/min,励磁电流为 0～5 A,励磁线圈额定功率为 875 V·A,励磁线圈额定温度低于 60℃,电动机转速为 1 400 r/min,电动机功率为 370 kW。

磁选机在冶金、机械行业的废水处理中也有广泛的应用,不但可以分离废液中的磁性颗粒,而且可以通过投加磁种、絮凝剂及铁氧化法等预处理,对水中的离子态非磁性颗粒进行有效去除。

5. 参考实验步骤

主要依据预习实验方案开展实验,以下为参考实验步骤。

(1)选择一种类型的建筑垃圾进行破碎处理。

（2）测定不同粒径的建筑垃圾在不同转动条件下的分选效果。

① α 的测定：取一定量破碎好的建筑垃圾，在固定的转速下过筛，将筛上物称重后继续筛分，直到两次筛上物的质量变化小于 1%，此时可认定筛分完全，则有

$$\alpha = \frac{\text{垃圾总质量} - \text{筛上物质量}}{\text{垃圾总质量}} \times 100\% \tag{5-1}$$

② 开启滚筒筛，待运行稳定后开始进料。固定进料量，固定转速，观察建筑垃圾在滚筒筛中的运动状态，记录得到的筛上部分和筛下部分的质量，并且计算筛分效率。

③ 根据②中得到的最优转速（该转速下物料的筛分效率最高）调节进料量，观测建筑垃圾在滚筒筛中的运动状态，并且比较不同转速下筛分效率的高低。

利用筒形筛体将固体废物按粒度分级，工作时筒形筛体倾斜安装。进入滚筒筛内的固体废物随筛体的转动做螺旋状翻动，在重力作用下，粒度小于筛孔的固体废物透过筛孔而被筛下，粒度大于筛孔的固体废物则由筛体底端排出。

（3）使用磁选机进行除铁处理。

（4）依据所查阅的文献，对分选后的建筑垃圾进行资源化利用。也可以与污泥固化处理实验相结合，将建筑垃圾粉末作为填料，与水泥共同固化化学污泥。

6. 数据记录及分析

实验测得各数据可参照表 5-1 进行记录。

表 5-1　滚筒筛筛分实验记录表

次数	固定进料量/(kg/h)	筛上产品 Q_1/g	筛下产品 Q_{2-1}/g	筛下产品 Q_{2-2}/g	筛下产品 Q_{2-3}/g	Q	α	E
1								
2								

序号	进料量/(kg/h)	筛上产品 Q_1/g	筛下产品 Q_{2-1}/g	筛下产品 Q_{2-2}/g	筛下产品 Q_{2-3}/g	Q	E
1							
2							

实验中筛分效率 E 的计算公式如下：

$$E = \frac{Q_1}{Q \times \frac{\alpha}{100}} \times 100\% = \frac{Q_1}{Q\alpha} \times 10^4\% \tag{5-2}$$

7. 注意事项

（1）及时做好设备各部位的润滑工作，保证机器的正常运转，延长设备的使用寿命。

（2）严禁在设备运转时进行调整，通电使用时严禁触摸设备线路和转动部位。

（3）维护人员应经常巡视设备的运行情况，仔细观察各紧固件是否可靠、转动件是否转动灵活，实验结束后必须清扫设备堵塞机构中的污物。

（4）在正常工作的情况下，轴承的温升不应超过40℃，最高温升不得超过70℃。超过上述温度时应立即停车，并且查明原因，及时排除故障。停车前应先停止加料，待滚筒筛内物料完全排出后方可关闭电动机。

8. 思考题

（1）讨论转速和进料量对筛分处理的影响，如何提高筛分效率？

（2）改变倾斜角度对筛分效率有何影响？

实验六　生物质废弃物制备炭材料及其吸附性能分析

1. 实验目的与意义

生物质是指一切直接或间接利用绿色植物光合作用形成的有机物质,包括除化石燃料外的植物、动物、微生物及其排泄物与代谢物等。生物质废弃物来源广泛,有来自农业的玉米、小麦、豆类作物的秸秆藤蔓及稻草皮壳等,有来自林业修剪、采伐和加工的树叶、枝条、刨花及锯末等,也有来自食品加工过程中产生的残渣及污水处理厂的污泥等。为实现固体废弃物的"减量化、无害化、资源化"的处理和处置,目前生物质处理方法主要有堆肥、焚烧发电和热处理炭化等。

物质在两相(如液-固或气-固)界面上的积累称为吸附。吸附水处理技术具有操作简单、反应速度快及效果容易控制等优点,常用的吸附剂包括活性炭、吸附树脂、金属的氧化物/氢氧化物、活性氧化铝、黏土等,其中活性炭因高效广谱而应用最广,对水中大部分污染物都有较强的吸附作用。总体看来,约有 41% 的活性炭消耗于水处理中,约有 30% 的活性炭用于空气净化领域,食品领域对活性炭的消耗占 14% 左右。

本实验拟对生物质废弃物进行热解资源化,对比分析不同热解条件下材料与常规市售吸附材料的吸附性能。

本实验的目的:

(1) 了解生物质的概念及其资源化利用技术,以及生物质热解技术及其原理;

(2) 掌握吸附实验方法,绘制吸附动力学曲线和吸附等温线;

(3) 了解竞争吸附、废水 pH 对吸附效果的影响。

2. 实验预习

通过查阅文献,了解生物质废弃物的概念及其资源化利用技术、热解炭的概念及特性、多孔炭的性质及其吸附水中污染物的原理;明确炭材料吸附工艺参数确定方法和吸附工艺操作步骤,选择吸附目标污染物,进行吸附实验方案设计,对比于商业活性炭,实验研究热解炭材料的吸附动力学和等温吸附特征。

3. 实验原理

(1) 热解

热解是指将有机物在无氧或缺氧状态下加热,使之成为气态、液态或固态可燃物质的化学分解过程。与生物质直接燃烧相比，热解可将生物质中的有机物转化为以燃料气、燃料油和生物质炭为主的储存性能源，使废弃生物质材料稳定化、资源化。由于是缺氧分解，废物中的硫、重金属等有害成分大部分被固定在生物质炭中，包括氮氧化物在内的废气排量少，有利于减轻对大气环境的二次污染。

生物质热解是一个非常复杂的化学反应过程，涉及众多化学变化，包括大分子键的断裂、异构化及小分子的聚合等。图 6-1 为生物质热解过程模型的简化反应历程，该热解反应机理称为 Broido-Shafizadeh 机理。

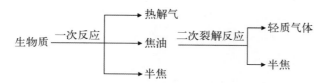

图 6-1　生物质热解过程模型的简化反应历程

根据国际生物质炭协会的定义，生物质炭是由富含碳的生物质在无氧或缺氧条件下经热化学转化生成的一种具有高度芳香化、富含碳素的多孔固体颗粒物质。它含有大量的碳和植物营养物质，具有丰富的孔隙结构、较大的比表面积且表面含有较多的含氧活性基团，是一种多功能材料，可以用于改良土壤、增加肥力，也可以作为吸附材料吸附土壤或污水中的重金属及有机污染物。另外，生物质炭对碳、氮具有较好的固定作用，将其施加于土壤中，可以减少 CO_2、N_2O、CH_4 等温室气体的排放，减缓全球变暖。

生物质原材料的热解（或称炭化）过程可以分为干燥阶段、炭化分解阶段、固体分解阶段和煅烧阶段四个阶段。

第一阶段（干燥阶段）：结合水和自由水蒸发［室温～（<150）℃］，化学组成保持不变。该阶段为吸热阶段。

第二阶段（炭化分解阶段）：半纤维素裂解（220～315℃），部分烷基成分被破坏。生物质发生明显的热分解反应，其化学组成开始发生变化，内部结构发生重组，生物质中不稳定组分分解生成小分子化合物。该阶段也为吸热阶段。

第三阶段（固体分解阶段）：纤维素裂解（150～400℃）。生物质中有机物的氢键断裂，各组分发生剧烈的解聚反应，分解成单体或其衍生物并生成大量的分解产物等，释放出大量热量。该阶段是热解过程的主要阶段。

第四阶段（煅烧阶段）：该阶段的温度为 450～475℃，得到的产物依靠外部供给的热量继续燃烧，释放出挥发分，结构芳香化，使其挥发性物质继续减少，固定碳含量增加。木质素裂解成苯酚单体，形成网状结构。

（2）吸附

吸附是物理吸附和化学吸附综合作用的结果，是可逆的过程。一方面吸附质被吸附剂吸附，另一方面部分已被吸附的吸附质由于分子热运动的结果能够脱离吸附剂表面而回到液相中。前者为吸附过程，后者为解吸过程。当吸附速度和解吸速度相等，即单位时间内吸附剂吸附的数量等于解吸的数量时，吸附质在溶液中的浓度和在活性炭表面的浓度均不再变化而达到了平衡，此时的动态平衡为吸附平衡，吸附质在溶液中的浓度称为平衡浓度 c_e。虽然活性炭样品对污染物的吸附容量不会因为其颗粒大小而改变，但会影响其吸附速度，到达平衡的时间是粒径尺寸的一个重要的函数。活性炭的颗粒越细,达到平衡的时间越短,因此实验用活性炭的粒径要统一。

当吸附达到平衡时,污染物吸附容量 q_e 是活性炭性能的关键指标和应用前提。影响该指标的因素包括活性炭的性质(比表面积、表面官能团等)、吸附操作环境(温度、pH)和污染物的性质等。活性炭吸附工艺参数的设计,一般需要通过实验确定这些因素的影响程度。

活性炭对染料的吸附速度可以通过绘制吸附动力学曲线(吸附容量随吸附时间变化的曲线)并进行准一阶动力学方程和准二阶动力学方程拟合得到。相关计算公式如下:

$$q_t = \frac{(c_0 - c_t)V}{m} \tag{6-1}$$

式中　q_t——t 时刻的吸附容量,mg/g;

　　　c_0——染料的初始浓度,mg/L;

　　　c_t——t 时刻的染料浓度,mg/L;

　　　V——染料溶液体积,L;

　　　m——活性炭投加量,g。

对上述的数据进行动力学方程拟合,准一阶动力学方程为

$$q_t = q_e(1 - e^{-K_1 t}) \tag{6-2}$$

准二阶动力学方程为

$$q_t = \frac{K_2 q_e^2 t}{1 + K_2 q_e t} \tag{6-3}$$

式中　q_e——平衡吸附容量,mg/g;

　　　t——反应时间,min;

　　　K_1——准一阶动力学速率常数;

　　　K_2——准二阶动力学速率常数。

实验采用粉状活性炭吸附水中的染料,达到吸附平衡后用分光光度法测得染料的初始浓度 c_0 和平衡浓度 c_e,以此计算活性炭对染料的平衡吸附容量 q_e,即

$$q_e = \frac{(c_0 - c_e)V}{m} \tag{6-4}$$

在恒温与吸附平衡状况下,单位吸附剂对吸附质的平衡吸附容量 q_e 和溶液中吸附质的平衡浓度 c_e 之间的关系曲线称为吸附等温线,目前常用 Langmuir 和 Freundlich 等式或模型描述此关系。

Langmuir 方程为

$$q_e = q_m \frac{K_L c_e}{1 + K_L c_e^m} \tag{6-5}$$

Freundlich 方程为

$$q_e = K_F c_e^n \tag{6-6}$$

式中　q_m——Langmuir 最大吸附容量,mg/g;

　　　K_L——Langmuir 平衡常数;

　　　K_F——Freundlich 吸附常数,单位由 q_e 和 c_e 的单位确定;

　　　n——Freundlich 吸附常数,无量纲。

K_F 主要与吸附剂对吸附质的吸附容量有关,而 n 是吸附力的函数。对于确定的 c_e 和 n,K_F 越大,q_e 就越大。

4. 实验材料与装置

(1) 实验材料

生物质:可以选取农林废弃物、生活干垃圾、动物粪便等,也可以采用校园除草废弃物及园林落叶。

其他试剂与材料:染料、活性炭、坩埚、锥形瓶、烧杯、0.45 μm 的滤膜、注射器和离心管。

(2) 实验装置

马弗炉或管式炉(氮气保护)、粉碎机、分析天平、分光光度计、可调速机械搅拌器、磁力搅拌器和控温摇床。图 6‑2 为管式炉直接炭化制备生物质活性炭材料工况系统。

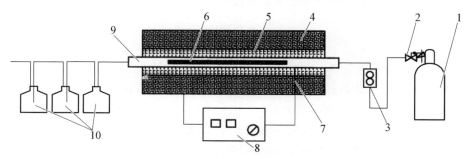

1—高纯氮气;2—减压阀;3—流量计;4—保温层;5—莫来石;6—生物质;
7—热电偶;8—温控仪;9—刚玉管;10—尾气收集装置

图 6‑2　管式炉直接炭化制备生物质活性炭材料工况系统

5. 参考实验步骤

(1) 生物质炭的制备

对生物质原材料进行干燥、粉碎和过筛预处理,可以提高生物质炭的纯度与性能。预处理实验步骤如下:先将生物质原材料粉末放置于烘箱中,在 110℃ 的温度条件下干燥 24 h,以除去生物质原材料中的自由水分,然后进行粉碎,并且过筛至 50～100 目。对于杂质含量较多的生物质原材料,在用去离子水洗涤干净后,先烘干、研磨,再过筛。

将过筛后的生物质置于陶瓷坩埚中并塞满,盖上盖子,置于马弗炉中,设置温度为 300～500℃,进行程序升温,持续时间为 1～2 h;待降温至 100℃ 时可微开炉门散热,待冷却后取出,将产物进行研磨、过筛至 100～300 目,得到生物质炭。制备得到的生物质炭的基本性质包括元素组成、密度、粒度分析、比表面积、孔径特征及表面官能团等。

（2）生物质的含水率、挥发分和灰分测定

生物质的含水率测定：将坩埚在103～105℃的烘箱中干燥2 h，取出冷却后称重，直至恒重为止（两次称重相差不超过0.000 5 g），记作m；取5 g左右的生物质放入坩埚内，称重，记作m_1；将盛有生物质的坩埚在103～105℃下干燥24 h，取出放冷后称重，直至恒重为止，记作m_2。

生物质的挥发分和灰分测定：将干燥后的样品放入马弗炉内，在600℃下灼烧2 h后，取出置于干燥器中冷却；将冷却后的样品从干燥器中取出，称量坩埚加样品的质量，记作m_3。

每个样品必须做三次平行测定，取其结果的算术平均值。

含水率W的计算公式如下：

$$W = \frac{m_1 - m_2}{m_2 - m} \times 100\%$$ （6-7）

挥发分V_s的计算公式如下：

$$V_s = \frac{(m_2 - m_3) \times 100\%}{m_1 - m} - W$$ （6-8）

灰分A的计算公式如下：

$$A = \frac{m_3 - m}{m_1 - m} \times 100\%$$ （6-9）

（3）吸附实验

如果采用染料废水进行吸附实验，那么可以参考如下实验步骤。

① 选取一种染料废水，通过分析不同波长处染料的吸光度，确定染料的最大吸收波长。

② 配制一系列已知浓度的标准溶液，以水为参比测其吸光度，绘制标准曲线并分析其相关系数。配制的标准溶液的吸光度一般要小于1，否则会影响标准曲线的准确性。

③ 商业活性炭和生物质炭的吸附动力学曲线测定：每隔一定时间取样并分析染料废水的浓度（吸光度），直至浓度（吸光度）不再发生变化，此时视为达到吸附平衡；绘制吸附动力学曲线，采用准一阶动力学方程和准二阶动力学方程进行拟合，计算动力学参数。

④ 商业活性炭和生物质炭的吸附等温线测定：在6个装有一定浓度的染料废水的锥形瓶（或烧杯）中，加入不同质量的活性炭，置于摇床或搅拌机上进行吸附反应；根据吸附动力学曲线的平衡时间或者在溶液颜色未变化时取下锥形瓶，静置30 min后取样，也可采用0.45 μm的滤膜进行过滤，测定各样品的吸光度，计算平衡浓度c_e和平衡吸附容量q_e；绘制吸附等温线，按Langmuir方程或Freundlich方程进行拟合，计算吸附参数。

⑤ 选择不同的pH（2～9），分析染料废水pH对炭材料的吸附容量或染料去除率的影响特征。

6. 数据记录与分析

在生物质炭的制备过程中，第一，描述生物质原材料的来源和特征，以及热解预处理各工艺的操作参数和详细过程；第二，记录热解工艺参数，包括热解装置规格、操作温度及时间等;第三,记录热解炭的产率、物性特征;第四,分析不同条件下热解产物生物质炭的吸附性能,记录染料的浓度及体积、生物质炭的投加量、取样时间、染料的吸光度变化等,可以与商业活性炭进行对比研究,绘制吸附动力学曲线和吸附等温线,并且进行模型拟合。

7. 注意事项

(1) 实验过程涉及粉碎机设备,操作严格按规范要求进行,注意安全防护。

(2) 管式炉热解过程需要由指导老师协助操作。

(3) 在吸附实验结束后,将盛放过染料废水的烧杯、量筒等器皿,特别是分光光度计的比色皿清洗干净。

8. 思考题

(1) 热解与燃烧的区别是什么?

(2) 吸附速度与吸附质的粒径有何关系?

(3) 简述常用的吸附等温式及本实验确定吸附等温线的意义。

(4) 根据确定的吸附参数 n、K_F 等讨论所用两种炭材料的吸附性能,请简单分析并对比两者的差异。

第二篇

污水物化处理实验

实验七　废水的电解气浮处理技术

1. 实验目的与意义

电化学水处理技术是指在带有电极或外加电场的反应器内,通过一定电化学作用或物理过程,对废水中污染物进行降解分离的工艺过程。其废水处理效果受电极材料、停留时间、废水(电解质溶液)性质的影响。由于可在一个反应器中完成电凝聚、电气浮、电氧化和电还原等多种电化学作用,并且具有效率高、占地面积小、易装备化和自动控制等特点,电化学法广泛地应用于难降解工业废水处理中。

本实验的目的:
(1) 了解废水电解气浮处理装置的组成、工作原理及关键参数;
(2) 探索电化学废水处理功效,明确系统中电絮凝、电氧化与电气浮的协同作用。

2. 实验预习

查阅电化学废水处理及电解气浮法相关文献,特别是关注一些实际工程案例,可选择与案例中类似的废水类型,参考所查阅的文献,设计实验方案,给出初步的实验操作参数,明确废水处理功效的评价方法。

3. 实验原理

气浮工艺是指将空气以微小气泡的形式通入水中,使微小气泡与水中悬浮的颗粒发生黏附,形成液-气-固三相混合体系,颗粒因黏附微小气泡后的密度小于水而上浮到水面,形成浮渣层,从而达到从水中分离的目的。

按生成微小气泡的方法,气浮工艺包括电解气浮法、分散空气气浮法和溶解空气气浮法,其中溶解空气气浮法根据微小气泡析出时所处压力分为真空气浮法和加压溶气气浮法。

对于疏水性很强的物质(如植物纤维、油珠及炭粉末等),不投加化学试剂即可获得满意的固液分离效果。而对于一般的疏水性或亲水性的物质,均需投加化学试剂,以改变颗粒的表面性质及粒径大小,增强微小气泡与颗粒的黏附性。

如果采用铁或铝作为电解气浮法中的电极,那么在阳极将发生金属电极溶解,由此产生的铁或铝的阳离子不仅可以发生复杂的电化学作用,包括电絮凝、电氧化,还可以在电极之间产生气泡,混凝剂使气泡可靠地黏附于絮凝体上,污染物被强烈地凝聚和吸附,从而得到较好的气浮效果。

一般地,废水可作为电解液,在电解槽中通过电子传递及电离产物发生氧化反应和还原反应,废水中污染物会发生降解。电解生成的亚铁离子可以与添加的过氧化氢在酸性(pH＝3～4)条件下发生高级氧化反应,生成氧化性很强的·OH基团,可提高系统对污染物的降解效果。

因此,电解气浮法实际上包含了电气浮、电絮凝、电氧化或电芬顿等多种电化学作用。

4. 实验设备

电解气浮实验装置如图7-1所示。实验系统由PE材质废水箱、有机玻璃气浮池(电极组)、直流电源(型号：QJ6005S)、刮渣调速电机、进水计量泵、加药箱、加药蠕动泵、电控箱、漏电保护开关、按钮开关、进水三通阀门、连接管道、球阀、带移动轮子的不锈钢台架等组成,采用在线pH、温度和ORP检测装置。

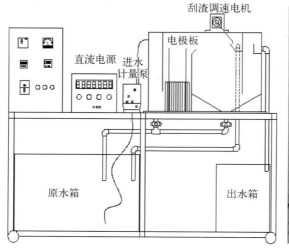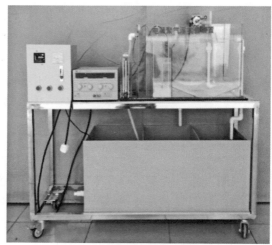

图7-1 电解气浮实验装置

直流电源控制器是本实验装置中的关键设备,可进行电解定时调节、倒极周期调节及脉冲电源输出,提高了电源的效率。其技术参数如下：电源容量为100 V·A,电压调节范围为0～60 V,电流调节范围为0～5 A,倒极周期调节范围为0～600 s。设备加工企业提供的实验最佳输出电压为调节电流不超过2.5 A的电压;实验最佳输出电流为25 A;实验最佳倒极周期为30～360 s,即0.5～6 min;实验最佳运行时间不超过30 min。

5. 参考实验步骤

(1) 将废水(实际废水或自行配制废水)装入原水箱的2/3处,开启电控箱总开关,按下提升泵按钮,废水经提升泵提升至反应池,通过流量计和阀门控制进水量。

(2) 将电解电源输出线与铝(或铁)极板相连,连接方式一般以双极性接法为佳,即第一极板接正极、第二极板接负极,检查并确认正、负极板无碰片现象。

（3）将220 V供电导线与控制器后板220 V输入插座相连，暂时不接插在外部电源上。

（4）检查并调整控制器：电源总开关（空气开关）应打至 OFF 位置；电压调节旋钮应逆时针旋至最小；将电解气浮定时时间输入定时调节器；电解气浮工作方式选择开关应打在中部 OFF 处；将倒极周期调节旋钮旋至所选择的倒极间隔值上；刮渣调速电机开关应打在 OFF 处；循环泵开关应打在 OFF 处。

（5）准备工作完毕，接通电源：将电源总开关打至 ON 处，这时电源指示灯应发亮；将循环泵开关打至 ON 处，这时循环泵应投入工作；将刮渣调速电机开关打至 ON 处，这时刮渣调速电机应投入工作；调整气浮池中循环水软管上的节流阀，调节气浮池中水至适度液面（液面既不浸入出渣槽，又能刮出浮渣）；将电解气浮工作方式选择开关打向定时位置（若无须定时，则打到"不定时"档），此时倒极调节器开始周期性动作，指示灯有闪烁指示，定时器开始计数；沿顺时针方向缓缓调节直流输出电压与电流，保持电流在所需电流上（一般以不超过 2.5 A 为宜）；如电流过小，可以向废水中加少量食盐以提高电导率。

（6）在电解气浮过程中，溶液中物质的电化学作用变化会使其电解电流发生波动，此时请注意调节电压，使电流保持在不超过 2.5 A 的某值上进行恒流式电解。

（7）在废水循环电解气浮处理达到预定时间后结束实验，控制器自行关闭电解电源，定时调节器与倒极调节器停止工作。澄清后，取水样做水质分析，并且与原水样对比以评价处理效果。水样分析方法和指标应依据具体水样选择或设计，如测定 BOD_5、COD、色度及某种离子的含量。

6. 数据记录及分析

（1）实验记录

实验数据可以参考表 7-1 进行收集。

表 7-1 实验数据记录表

序号	运行时间 /min	输出电压 /V	输出电流 /A	倒极周期 /s	处理前 c_0 /(mg/L)	处理后 c /(mg/L)

（2）数据处理

计算净化系数：

$$DF = (c_0 - c/c_0) \times 100\% \qquad (7-1)$$

式中 DF——废水经过电氧化还原处理的净化系数；

c_0——废水处理前有害物质含量（或污染程度），mg/L；

c——废水处理后有害物质含量（或污染程度），mg/L。

（3）结果分析

分析不同条件下污染物的去除功效,确定工艺操作控制的关键参数。

7. 注意事项

由于是水处理实验,不可避免要与水接触,并且环境潮湿,实验中要严防触电事故发生。为确保安全,实验指导老师在实验前必须检查直流电源控制器是否可靠接地。

8. 思考题

（1）简述电解过程去除污染物的机理。
（2）分析电解气浮工艺的应用现状。

实验八 颗粒的自由沉降实验

1. 实验目的与意义

重力沉降法是水处理中常用的工艺。它利用水中悬浮颗粒的重力下沉作用来达到固液分离的效果。在给水处理中,"混凝—沉淀—过滤—消毒"是传统的工艺;在典型的工业废水处理中,沉淀可用于废水的预处理,如在沉沙池、初沉池等中,也可用于生物处理后的固液分离,如在二次沉淀池中,还可用于污泥处理阶段的污泥浓缩,如在重力污泥浓缩池中。

然而,设计一个运行效果良好的沉淀池,需要了解沉淀池的工作原理,明确废水中颗粒的沉淀类型,分析沉淀过程中影响沉淀效率的关键因素,有条件的可以通过理想沉淀池沉降实验来确定沉淀池设计的最佳工艺参数。颗粒的自由沉降过程接近于理想沉淀池中的状态。

本实验的目的:

(1) 加深对废水中非絮凝性颗粒的沉降特点及规律的认识;

(2) 通过沉降实验,求出沉降曲线,即悬浮颗粒的去除率(η)-沉降时间(t)曲线和悬浮颗粒的去除率(η)-沉降速度(u)曲线,以此获得沉淀池停留时间和表面负荷等关键设计参数。

2. 实验预习

通过查阅文献,明确沉降实验原理及其实际应用意义。以实际废水为实验对象,或选择合适的沉降颗粒污染物进行自行配制废水,熟悉实验操作方法和沉降效果评价方法,给出详细的实验设计方案。

3. 实验原理

沉降是借助重力作用来去除水中固体颗粒的过程。根据水中固体物质的浓度和性质,可将沉降分为自由沉降、絮凝沉降、成层沉降和压缩沉降四类。

为了分析沉淀池的沉淀原理,确定影响沉淀的关键因素,简化沉淀过程,本实验采用理想沉淀池进行分析。Hazen 和 Camp 提出了理想沉淀池的概念,并且进行了理论推导。

设 u_0 为某一指定颗粒的最小沉降速度,当颗粒的沉降速度 $u \geqslant u_0$ 时,无论这种颗粒处于进口端的什么位置,它都可以沉到池底而被去除,因此 u_0 可以视为颗粒被去除的临界沉降速度。通过推导得出:$u_0 = Q/A$,其中 Q 为废水流量,A 为沉淀池表面积。

这样可以看出,在理想沉淀池中,u_0 与表面负荷 q 在数值上相同。但它们的物理概念不同,

u_0 的单位是 m/h,而 q 表示单位面积的沉淀池在单位时间内通过的流量,单位是 $m^3/(m^2 \cdot h)$。

u_0 的定义为颗粒的最小沉降速度,由此可以确定理想沉淀池最小的过流率或表面负荷率,而表面负荷率仅与沉淀池表面积有关。这样就得到了一个重要的结论:理想沉淀池的沉淀效率与池内水面面积有关,而与池深和池体积无关。这就是著名的浅池理论。

研究人员依据这个理论开发出具有沉淀效率高、停留时间短、占地面积小等优点的斜板(管)沉淀池的新工艺,并在给水处理和工业废水处理中得到了广泛的应用。沉淀池的表面负荷成为沉淀池设计的重要参数。

本实验在沉降柱中进行,设水深为 H,某一颗粒在时间 t 内从水面沉到水底,则颗粒的沉降速度 $u=H/t$。实验设备一般有 3 个取样口,针对实验用非絮凝性颗粒,首先依据一定沉降时间内不同取样口处的沉降效率设定一个固定的沉降距离 H_0,然后在不同的沉降时间间隔中分别测定颗粒的沉降效率,由此获得沉降效率和沉降时间 t 的关系曲线,以此求得不同沉降效率下的沉降速度 u_0,即不同沉降效率下的表面负荷 q。这样凡是沉降速度等于或大于 u_0 的颗粒在时间 t 内可全部去除。

影响沉降速度的其他因素包括颗粒浓度和壁面效应,实验过程中应考虑其影响,选择合适的实验材料、投加浓度和实验装置,以减少其影响。

4. 实验设备及材料

颗粒自由沉降实验装置如图 8-1 所示。沉降柱为有机玻璃材质,共有 9 根管,粗($\Phi200$ mm)、中($\Phi150$ mm)、细($\Phi120$ mm)三种管径各 3 根依次排列。沉降柱上设溢流管、取样管、进水管及放空管。

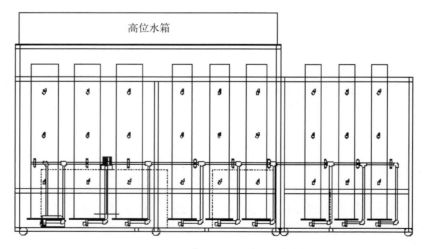

图 8-1 颗粒自由沉降实验装置

实现系统配置的潜水泵的额定流量为 25 L/min、额定扬程为 5 m、额定功率为 150 W、电动搅拌机的功率为 30 W、调速范围为 0~1 290 r/min、转子流量计的量程为 10~100 L/h、另有配水管阀门、控制系统、电气控制箱、漏电保护器、旋转开关、电源指示灯、搅拌机调速器、带移动轮子的不锈钢支架等。

除沉降柱外,其他实验设备及材料包括标尺、100 mL 容量瓶、玻璃漏斗、中速定量滤纸、称量瓶(或表面皿)、万分之一天平、可见光分光光度计和烘箱等。

5. 参考实验步骤

(1) 将实际水样或配制好的实验水样(可以采用硅藻土、天然土壤、粉砂等悬浮固体配制)倒入原水箱内,打开电气控制箱上的电源开关,按下电动搅拌机按钮,将原水箱中的水样搅拌均匀。

(2) 打开提升泵开关,开启管道阀门,将原水箱中的水样打入沉降柱内,到达设置高度,关闭进水阀。

(3) 设定一个沉降时间(例如 60 min),分析不同高度的取样口(3 个取样口)处水样的沉降效率,这样根据公式 $u=H/t$,最小的沉降高度对应最小的沉降速度,即最小的表面负荷,对应最佳的沉降效果,由此获得沉降效率与表面负荷 q 的关系数据,从而获得不同沉降效率下的表面负荷参数。确定后续实验的沉降高度 H。

(4) 将沉降柱中的水样搅拌均匀后开始第二次沉降实验,当沉降时间为 1 min、3 min、5 min、10 min、20 min、40 min、60 min 时,分别取样并分析沉降效率,获得沉降效率与沉降时间 t 的关系数据。

(5) 沉降效率可以通过测定悬浮物的浓度或水样的透光率等方法进行评价。如果采用悬浮物的去除率来评价沉降效率,那么可以参考如下测定方法。

首先调节烘箱至 105℃,叠好滤纸并放入称量瓶中,打开盖子,将称量瓶放入烘箱中烘干至恒重 ω_1;然后将已恒重的滤纸取出并放入玻璃漏斗中,过滤水样并用蒸馏水冲洗,使全部悬浮物固体转移至滤纸上,将带有滤渣的滤纸放入称量瓶中,烘干至恒重 ω_2。

悬浮物的浓度

$$c=(\omega_1-\omega_2)/V \tag{8-1}$$

式中　ω_1——称量瓶和滤纸的质量,g;

　　　ω_2——称量瓶、滤纸和悬浮物固体的质量,g;

　　　V——取样体积,mL。

悬浮物的去除率

$$\eta=\frac{c_0-c}{c_0}\times100\% \tag{8-2}$$

式中　c_0——原水样中悬浮物的浓度,mg/L;

　　　c——沉降处理后悬浮物的浓度,mg/L。

(6) 实验完毕,开启沉降柱底部的放空阀和原水箱的放空阀,将实验废水排空,依次关闭提升泵、电动搅拌机、电气控制箱上电源。

6. 数据记录及分析

实验数据收集、整理参考表 8-1。

表 8 - 1　颗粒自由沉降实验数据记录表

沉降时间 /min	沉降高度 /cm	取样体积 /mL	水样中颗粒浓度 /(mg/L)	颗粒去除率 /%	颗粒沉降速度 /(mm/s)

　　根据式(8-2)计算去除率,画出去除率 η 与沉降时间 t 的关系曲线,即沉降效率曲线(η-t 曲线),同时画出 η-u 或 η-q 曲线。

7. 注意事项

　　(1) 当以实际废水进行实验时,取样一定要有代表性;当采用人工配水进行实验时,选择适合重力沉降的颗粒污染物是实验的关键。

　　(2) 向沉降柱内注水时,速度要适中,避免进水时一些较重的颗粒沉降;柱内水体紊动不要过大,以免影响静沉实验效果。

　　(3) 取样前,一定要记录沉降柱内水面至取样口的距离 H(以 cm 计)。

　　(4) 取样时,应先排出取样管中积水。

　　(5) 测定悬浮物的浓度时,因颗粒较重,故从烧杯中取样时要边搅边吸,以保证两平行水样的均匀度。

8. 思考题

　　分析颗粒的自由沉降实验对沉淀池设计的指导意义。

实验九 化学混凝实验

1. 实验目的与意义

对于污水及天然水中存在的较大颗粒的固体,可以采用重力沉降法去除,设计沉砂池、初沉池等构筑物。然而,水中的胶体物质,如黏土、腐殖质、淀粉、纤维素、细菌和藻类微生物等,在水中可以稳定存在,难以通过传统的物理水处理工艺直接去除。因此,需要投加化学试剂来破坏胶体的稳定性,使细小的胶体微粒凝聚成较大的絮体颗粒,从而进行固液分离。

一些工业废水(如纺织印染废水、石油化工废水等)中,含氟废水、含重金属离子废水的化学沉淀处理过程中,以及城镇污水二级处理后排出水中都含有一定量的胶体物质,需要采用混凝工艺进行处理。

要理解和控制混凝过程,需要明确其原理,包括胶体的电性、胶体在水中的受力及混凝的机制等。

本实验的目的:

(1)加深对混凝理论及混凝工艺影响因素的理解;

(2)针对实验原水,选择不同的混凝剂和工艺条件,评价废水处理效果。

2. 实验预习

查阅混凝法废水处理相关文献,选择混凝实验原水,如地表水、工业废水、工业废水化学沉淀出水、污水二级生化处理出水等,采用不同的混凝剂和工艺条件,设计混凝实验方案,通过实验获得最佳工艺条件。本实验为综合性实验,实验方案应体现实用性内容。

3. 实验原理

在溶胶体系中,胶核离子与被吸附的反离子形成胶团的吸附层,而这些反离子又与外围反离子形成扩散层,这样就形成了胶体的双电层结构。水中双电层结构使胶体颗粒表面带电,产生电斥力,阻碍胶团之间的靠近、凝聚;另外,水中胶体颗粒还受范德瓦耳斯引力及布朗运动等的作用。然而,当胶体颗粒之间距离较大时,电斥力大于范德瓦耳斯引力,因此正常条件下胶体具有稳定性,不能通过重力沉淀法直接去除。

如图9-1所示,当胶体颗粒之间距离较大时,净作用力是相斥的,而随着间距的缩小,在通过一个能垒后,范德瓦耳斯引力就会起主导作用,引起胶体颗粒的凝聚。向水中投加混凝剂后,可以通过压缩双电层结构,使胶体颗粒之间距离逐渐减小,发生凝聚。另外可以看出,电解质浓度的提高有利于胶体颗粒的凝聚,表明具有压缩双电层结构的作用,这为混凝剂的选择提供了一个思路。

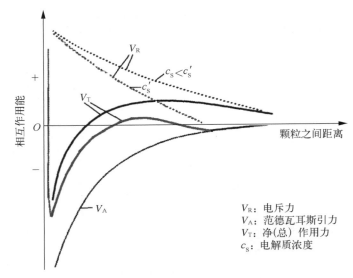

图 9 - 1　胶体颗粒的受力与胶体颗粒之间距离的关系

　　化学混凝机制主要是通过混凝剂在水中水解,对水中胶体产生压缩双电层结构、吸附架桥和网捕三方面的作用,促使胶体颗粒凝聚,形成絮体,最终通过沉淀得以去除。

　　影响混凝效果的主要因素有混凝剂的种类和投加量、处理水的温度、水质(包括 pH、胶体浓度等)、混凝的水力条件等。

　　混凝过程分为混合(反应)和絮凝两个阶段。反应阶段的时间较短,要求强烈搅拌、充分接触,因此科研人员开发了许多类型的混合装置;而在絮凝阶段,絮体粒度逐渐增大,速度梯度必须相应地减小,否则会破坏已形成的絮体。一般采用搅拌浆的转速(r/min)或速度梯度 G 值(s^{-1})来描述混凝的水力条件。相对而言,前者的操作方便、直观,而后者的描述更为精确。

　　常用的混凝剂包括:

　　① 无机盐化合物,如铁盐、铝盐等;

　　② 无机盐聚合物,如聚合氯化铝(PAC)、聚合硫酸铁(PFS)等;

　　③ 有机化合物,如壳聚糖、聚丙烯酰胺(PAM)等。

4. 实验材料和装置

　　(1) 可调速六联搅拌器;(2) 烧杯、移液管、量筒等玻璃器皿;(3) 浊度计;(4) pH 计、精密 pH 试纸、温度计;(5) 混凝剂,采用 10 g/L 硫酸铝、氯化铁、聚合氯化铝及聚丙烯酰胺;(6) 分光光度计;(7) 色度计;(8) 水样,可采用地表水、二次沉淀池出水或工业废水等。

5. 参考实验步骤

　　(1) 取实际废水或配制原水,测原水的水温、pH、浊度和色度。

（2）酸、碱及混凝剂溶液配制。酸、碱溶液用来调节废水 pH，可以根据需要自行配制不同浓度的溶液，而混凝剂溶液的浓度要依据混凝剂的投加量来确定。一般硫酸铝、氯化铁、聚合氯化铝按质量浓度的 5%～10%配制，聚丙烯酰胺按质量浓度的 1%～2%配制。

（3）确定不同混凝剂的最佳投加量。选取一种混凝剂溶液，设定一组有 6 个不同的投加量，分别用移液管移取至加药试管中。将烧杯放置于搅拌机下，快速运转 30 s，以达到充分混合的目的。接着将转速调到中速并搅拌 2 min 后，迅速将转速调至慢速并搅拌 10 min。在搅拌过程中，观察并记录矾花的形成过程、外观大小和密实程度等。在搅拌完成后，停机静沉 25 min，观察并记录矾花的沉淀过程，同时取上清液水样进行 pH、浊度、色度测定。

混凝剂的投加量与混凝剂的种类和水质密切相关。如果采用地表水做实验，可以参考自来水厂的混凝剂的投加量；如果采用硫酸铝及聚硫氯化铝作混凝剂，可以参考表 9‑1 和图 9‑2 中某自来水厂的数据[①]。

表 9‑1 硫酸铝投加量情况

硫酸铝投加量 /(mg/L)	原水水温 /℃	原水浊度 /NTU	原水 pH	出厂水浊度 /NTU	出厂水 pH	出厂水铝含量 /(mg/L)
17.57	14.5	15.0	8.18	0.09	7.83	0.18
16.37	19.0	11.0	7.91	0.09	7.43	0.05
16.14	23.0	13.0	8.03	0.10	7.61	0.09
18.47	27.0	15.0	7.88	0.09	7.46	0.09
23.78	29.5	11.0	8.17	0.08	7.56	0.11
23.62	26.0	17.0	8.11	0.05	7.53	0.08

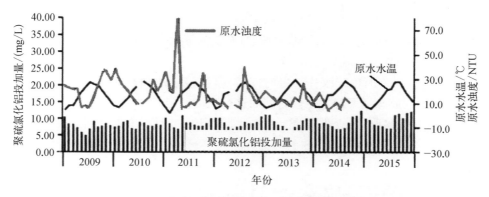

图 9‑2 聚硫氯化铝投加量与原水水温和原水浊度的关系

以投加量为横坐标，以剩余浊度为纵坐标，绘制剩余浊度-投加量曲线，从曲线上可求得不大于某一剩余浊度的最佳投加量。

（4）考查废水 pH 在混凝过程中的变化及对混凝效果的影响，确定最佳混凝 pH。

（5）采用其他类型的混凝剂进行上述实验过程，对比分析不同混凝剂的废水处理效果。

---

① 颜一青.不同种类原水混凝剂投加量分析[J].净水技术，2017，36(s1)：56‑62.

6. 数据记录

实验数据记录参考表 9-2。

表 9-2 原始数据记录表

原水特征	水温：	pH：	浊度：	色度：
混凝剂类型	投加量	pH	浊度	色度
混凝剂 1				
混凝剂 2				
……				

7. 注意事项

（1）原水样要搅拌均匀后进行混凝实验；处理后取水样时，注意不要把沉淀的矾花搅起来，以免影响测定结果。

（2）测定浊度时，有时由于水样静置时间较短，溶液中的颗粒还处于运动状态，造成浊度计显示不稳定，因此水样要静置一段时间后进行浊度测定。

（3）配制混凝剂溶液时，所选取的配制浓度要基于实验过程中混凝剂的投加量。

8. 思考题

根据实验结果及实验过程中所观察到的现象，简述影响混凝工艺的主要因素。

附：浊度的测定

所谓浊度，即水体混浊的程度，表示水中悬浮物对光线透过时所发生的阻碍程度，是水样中微细悬浮物的光学特性的表征方法。常用的浊度测定方法有浊度计法和分光光度法。

浊度计法简单，参考 HJ 1075—2019《水质 浊度的测定 浊度计法》，单位一般为 NTU。分光光度法的操作步骤如下。

（1）浊度标准溶液的配制。称取 0.5 g 硫酸肼、5 g 六次甲基四胺，分别溶于 400 mL 蒸馏水中，将溶解的两种溶液倒入 1 000 mL 容量瓶中混合，加蒸馏水稀释至刻度，混合摇匀，在 25℃±3℃ 下反应 24 h，得到 400 度的浊度标准溶液。

（2）标准曲线的绘制。分别吸取 0、0.5 mL、1.25 mL、2.5 mL、5 mL、10 mL 和 12.5 mL 浊度标准溶液并置于 50 mL 比色管中，加水至标线，摇匀后得到浊度为 0、4 度、10 度、20 度、40 度、80 度、100 度的标准系列；分别取样并置于 30 mm 比色皿中，在 680 nm 波长下测定吸光度，绘制标准曲线。

（3）水样的测定。吸取 50 mL 水样（如浊度超过 100 度，可酌情少取，用水稀释到 50 mL）于 50 mL 比色管中，按绘制标准曲线的操作步骤测定吸光度，由标准曲线查得水样的浊度。

浊度的计算公式如下：

$$浊度 = A(B+C)/C \tag{9-1}$$

式中　A——稀释后水样的浊度，度；

　　　B——稀释水的体积，mL；

　　　C——原水样的体积，mL。

实验十　离子交换法废水处理

1. 实验目的与意义

离子交换水处理是指采用离子交换剂,使之和水溶液中的可交换离子发生符合等物质的量规则的可逆性交换,从而改善水质,而离子交换剂的结构并不发生实质性变化。

离子交换工艺可以进行多种组合,从而达到脱盐、高纯水的制备、水的软化、除重金属及有害阴离子等目的。离子交换树脂分为阳离子型树脂和阴离子型树脂。若离子交换树脂中参与反应的离子是 Na^+,则此离子交换树脂被称为钠(Na)型阳离子交换树脂,类似的有氢型阳离子交换树脂。常用的阴离子型树脂有氢氧型阴离子交换树脂和氯型阴离子交换树脂。

本实验的目的:

(1) 明确离子交换水处理工艺原理及实验设计;

(2) 掌握离子交换水处理关键工艺参数的获得方法。

2. 实验预习

查阅文献,掌握离子交换水处理工艺原理、实验操作方法、关键工艺参数及在不同领域的应用案例。选择重金属废水或需要软化的水作为实验处理的原水,初步确定工艺参数,设计实验方案,评价水处理功效。

3. 实验原理

离子交换法常用于水的纯化、软化和除盐,在工业废水处理中主要用于去除废水中的重金属离子。与其他化学反应一样,离子交换反应也是按等物质的量进行定量反应的。另外,离子交换反应是一种可逆反应。离子交换剂具有选择性,所含的交换离子先和交换势大的离子发生交换,对离子的选择性如表 10-1 所示。

树脂是常用的人工合成离子交换剂。交换容量是离子交换树脂最重要的性能,它定量地表示树脂交换能力的大小。树脂的交换容量,在理论上可以根据树脂的单元结构式粗略地计算出来,以强酸性苯乙烯系阳离子交换树脂(732 树脂)为例,其单元结构式如图 10-1 所示。

表 10 - 1　交联度为 8% 的强酸性阳离子交换树脂对阳离子的选择性

阳离子	选择性	阳离子	选择性
Li^+	1.0	Co^{2+}	3.7
H^+	1.3	Cu^{2+}	3.8
Na^+	2.0	Cd^{2+}	3.9
NH_4^+	2.6	Be^{2+}	4.0
K^+	2.9	Mu^{2+}	4.1
Rb^+	3.2	Ni^{2+}	3.9
Cs^+	3.3	Ca^{2+}	5.2
Ag^+	8.5	Sr^{2+}	6.5
Mg^{2+}	3.3	Pb^{2+}	9.9
Zn^{2+}	3.5	Ba^{2+}	11.5

注：摘自 Bonner 和 Smith(1957)，也可参阅 Stater(1991)。

图 10 - 1　强酸性苯乙烯系阳离子交换树脂

732 树脂的单元结构式中共有 8 个碳原子、8 个氢原子、3 个氧原子和 1 个硫原子，其摩尔质量等于 184.2 g/mol，只有强酸基团—SO_3H 中的 H 遇水电离形成 H^+ 时可以发生交换，即每 184.2 g 干树脂中只有 1 g 当量可交换离子。因此，每克干树脂具有可交换离子 $1/184.2=0.005\ 43(Eq)=5.43(mEq)$。扣去离子交联剂所占份额（按 8% 的质量计），故强酸干树脂的交换容量应为 $5.43×92/100=5(mEq/g)$。

采用离子交换法软化水是指利用阳离子交换树脂中可交换的阳离子（如 Na^+、H^+）把水中的钙离子、镁离子等效量交换出来。后来常用钠型阳离子交换树脂（RNa）来软化水质。在原水软化过程中，离子交换树脂由 RNa 型变成 R_2Ca 型或 R_2Mg 型，水硬度降低或基本消除，出水残留硬度可降至 0.03 mmol/L 以下。该过程中水的碱度基本不变，水的含盐量稍有增加。由钠型离子交换反应可见，按等物质的量的交换规则，1 mol(40.08 g) 的钙离子与 2 mol(45.98 g) 的钠离子进行交换反应，使水的含盐量增加。

树脂滤床是常采用的工艺方式。在使用钠型阳离子交换树脂软化原水的过程中，当水流经树脂滤层后的出水硬度超过某一规定值，水质已不符合锅炉补给水水质标准的要求时，交换柱中的离子交换树脂将被视为失效，不再起软化作用，需要通过再生来恢复交换能力。

若使用氢型阳离子交换树脂,则原水中的钠离子也参与交换反应,工艺出水水质与运行时间的关系如图 10-2 所示。当硬度开始漏泄(b 点)时,释放的钠离子逐渐减少,钙镁离子的 $H^+ - Na^+$ 交换能力逐渐减弱,出水浓度逐渐增加,趋于进水中的钙镁离子浓度。

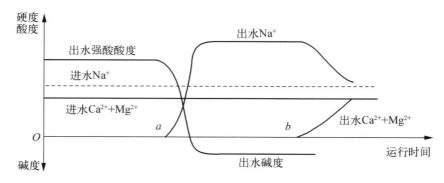

图 10-2　强酸性氢型离子交换器的出水水质随运行时间的变化曲线

离子交换剂应用于重金属废水处理中,可以回收重金属等物质。例如对于含铜废水,首先经过氢型阳离子交换树脂,交换废水中的 Cu^{2+} 等阳离子。

$$Cu^{2+} + 2R-SO_3H \overset{91}{=} \overset{75}{\triangle} (R-SO_3)_2Cu + 2H^+$$

然后废水中的阴离子(SO_4^{2-}、Cl^-)经过氢氧型阴离子交换树脂进行交换。

$$R-N(CH_3)_3OH + HCl \overset{91}{=} \overset{91}{\triangle} RN(CH_3)_3Cl + H_2O$$

交换曲线(吸附曲线、穿透曲线)是以流出液中被交换离子的浓度 c 或 c/c_0 为纵坐标,以流出液的体积为横坐标所得的曲线。

废水经阳离子交换树脂、阴离子交换树脂交换后,铜离子、氯离子被吸附在树脂上,经洗脱后进行资源回收,由此废水得到净化。20 世纪 90 年代初,上海新宇电源厂采用化学沉淀(将 pH 调节为 11)-离子交换法处理含镉、镍废水,设施流量为 100 L/min,占地面积为 90 m²。废水经处理后,出水的镉离子、镍离子浓度分别为 0.006~0.04 mg/L 和 0.03~0.2 mg/L,均达到了废水排放标准。

若阳离子交换树脂失效,则可用酸或盐进行再生,NaCl 再生液(8%)与树脂的体积比为 2:1。同理,若阴离子交换树脂失效,则可用碱或盐酸进行再生,NaOH 再生液(4%)与树脂的体积比为(2~3):1。再生液的流速一般控制在 4~6 m/h,再生接触时间在 60 min 左右。

影响离子交换工艺的水质因素较多,悬浮物、油脂及大分子量有机物对树脂净化水有较大的影响,氧化剂、温度可能会损坏树脂结构。

离子交换工艺也可以连接在反渗透脱盐工艺之后,用于制备超纯水。

4. 实验装置与材料

如图 10-3 所示,离子交换柱由有机玻璃制成,共 12 根、$\Phi 20$ mm 的 4 根、$\Phi 40$ mm 的 4

根、Φ60 mm 的 4 根依次排列。按预习实验方案，自行装填离子交换树脂，采用计量泵或其他方式控制过滤速度。

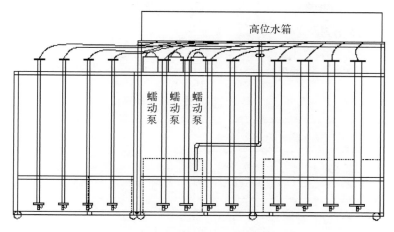

图 10 - 3　离子交换水处理实验装置

自行配制废水，实验室提供：（1）732 型（001×7）强酸性聚苯乙烯阳离子交换树脂；（2）711 型（201×7）强碱性聚苯乙烯阴离子交换树脂；（3）不同浓度的酸、碱、盐，自行配制；（4）其他化学试剂及分析检测仪器，涉及水质指标分析的有硬度、重金属浓度、硫酸根浓度等测定。

5. 参考实验步骤

离子交换水处理的运行操作包括四个阶段：交换，反洗，再生，清洗。

（1）按预习实验方案，确定实验处理对象和工艺流程（如阴、阳两柱连接形式），搭建实验装置。

（2）树脂清洗：阳离子交换树脂先用 5％HCl 溶液浸泡 4 h，清水洗涤，再用蒸馏水浸泡 24 h；阴离子交换树脂先用 5％NaOH 溶液浸泡 4 h，清水洗涤，再用蒸馏水浸泡 24 h。

（3）交换阶段：用量筒准确量取 10～30 mL（按预习实验方案执行）经清洗后的树脂并填入柱中，放出柱中的去离子水，其液面与树脂层表面平齐为止，做好标记。

（4）控制在一定流速（如 100 mL/10 min），选择处理废水类型，若选择重金属废水，以含 Cu^{2+} 废水为例则将浓度为 c_0 和 pH 已知的废水依次（降流式）通过阳柱、阴柱进行交换。用 50 mL 容量瓶收集流出液。

（5）待从流出液中检测出金属离子后，用 100 mL 容量瓶收集流出液，进行检测，直到离子交换柱呈现饱和状态，即出水 Cu^{2+} 浓度达到 2 mg/L，此时离子交换柱被视为穿透，应停止通入废水。记录全部数据。

（6）反洗阶段：待交换达到饱和后，用自来水进行反冲洗，反洗水量为（1～2）L/L 树脂，反洗时间为 5～10 min。

（7）再生阶段：采用 NaCl 溶液通入阳柱、NaOH 溶液通入阴柱，以每 5 s 流 1 滴的流速进行再生，用 100 mL 容量瓶收集淋洗液。

(8) 清洗阶段：先用自来水淋洗,去除再生液残液,待洗涤液接近于中性时再用蒸馏水浸泡,其液面应高出树脂层表面 1～2 cm。

6. 数据记录及分析

将实验过程中所收集数据填入表 10-2 中,绘出动态交换曲线和树脂再生曲线。

表 10-2　离子交换水处理实验数据记录表

交　换　阶　段			再　生　阶　段		
处理废水 体积/mL	出水离子 浓度/(mg/L)	交换容量 /(mEq/g)	再生液 体积/mL	出水离子 浓度/(mg/L)	交换容量 /(mEq/g)

7. 注意事项

(1) 新树脂在使用前应用清水淋洗干净。

(2) 原水中悬浮物、微生物、有机物等污染物对树脂离子交换性能有影响,注意树脂污染防治。

(3) 树脂在离子交换柱中的装填要紧密、不留气泡,树脂柱高度要适宜,一般为 8～15 cm。

(4) 废旧的树脂不要随意处理,需要集中收集处置,避免污染环境。

8. 思考题

(1) 什么是离子交换树脂的交换容量？两种离子交换树脂的交换容量的测定原理是什么？

(2) 为什么树脂中不能留有气泡？如有气泡,如何处理？

附：水的硬度及其测定

各地区公众对水的硬度的接受程度差异很大。钙离子硬度的味觉阈限为 100～300 mg/L,取决于钙离子所对应的阴离子;镁离子硬度的味觉阈限较钙离子硬度小。在一些情况下,硬度超过 500 mg/L 的水是可以被用户接受的。当水的硬度较高时,管网中产生水垢,造成用户消耗更多的肥皂且产生较多的浮渣。而软水的硬度低于 100 mg/L,其缓冲能力较弱,水管更易被腐蚀。世界卫生组织(WHO)《饮用水水质准则》规定的硬度限值为 500 mg/L(以 $CaCO_3$ 计),我国《生活饮用水卫生标准》(GB 5749—2022)规定的硬度限值为 450 mg/L(以 $CaCO_3$ 计)。

如果采用离子交换法进行水质软化实验,那么可以通过测定水的硬度来获得工艺参数。Ca^{2+} 与 Mg^{2+} 经常共存,通常需要测定两者的含量,常用 EDTA 直接滴定法。先在 $pH=10$ 的氨性溶液中,以铬黑 T 为指示剂,用 EDTA 滴定,测得 Ca^{2+} 与 Mg^{2+} 的总含量。再另取等量试液,加入 NaOH 至 $pH>12$,此时 Mg^{2+} 以 $Mg(OH)_2$ 沉淀形式掩蔽,选用钙指示剂,用 EDTA 滴定,测得 Ca^{2+} 含量。前、后两次测定结果之差即 Mg^{2+} 含量。

实验十一 芬顿(Fenton)试剂法废水处理

1. 实验目的与意义

化学氧化法是环境污染治理的重要技术之一。在酸性体系中，Fe^{2+} 和 H_2O_2 混合生成具有强氧化性的羟基自由基($\cdot OH$)，即著名的芬顿试剂。芬顿试剂氧化处理废水具有处理效果好、设备简单且易于操作、成本低等优点，广泛应用于印染、制药、电镀等行业的工业废水处理中。然而，该工艺的废水处理效果受多种因素的影响，包括试剂的比例和投加量、系统 pH、反应时间等。

本实验的目的：
(1) 加深理解芬顿试剂法的基本原理及影响因素；
(2) 针对废水水质特征，确定最佳工艺参数，指导实际应用。

2. 实验预习

查阅芬顿试剂氧化处理废水的相关文献，了解该工艺的应用领域，明确废水处理的操作流程，掌握废水类型对工艺投药量、反应时间等关键参数的影响，熟悉废水处理效果的评价方法。选择一种有机废水，设计一套可行的实验方案，附参考文献。

3. 实验原理

芬顿工艺是将双氧水投加到含有铁盐的废水中而产生强氧化物质的过程。一般认为羟基自由基是该过程中产生的最关键的氧化剂类型。在没有有机物参与下，经典的自由基产生机制如式(11-1)~式(11-7)所示。

$$Fe^{2+} + H_2O_2 \longrightarrow Fe^{3+} + \cdot OH + OH^- \tag{11-1}$$

$$Fe^{3+} + H_2O_2 \longrightarrow Fe^{2+} + HO_2 \cdot + H^+ \tag{11-2}$$

$$\cdot OH + H_2O_2 \longrightarrow HO_2 \cdot + H_2O \tag{11-3}$$

$$\cdot OH + Fe^{2+} \longrightarrow Fe^{3+} + OH^- \tag{11-4}$$

$$Fe^{3+} + HO_2 \cdot \longrightarrow Fe^{2+} + O_2H^+ \tag{11-5}$$

$$Fe^{2+} + HO_2 \cdot + H^+ \longrightarrow Fe^{3+} + H_2O_2 \tag{11-6}$$

$$2HO_2 \cdot \longrightarrow H_2O_2 + O_2 \qquad (11-7)$$

从上式反应式中可以看出,羟基自由基主要通过式(11-1)产生。虽然 Fe^{3+} 可以通过式(11-2)还原为 Fe^{2+},但转化速度相对很小。

芬顿工艺设计、运行的关键参数包括废水 pH、试剂投加量、试剂投加模式、溶解氧(DO)、出水 pH(混凝出水水质)、温度等,需要在实验过程中进行探索。

芬顿工艺中反应的 pH 一般为 $2\sim4$。如何在较高的 pH 下取得满意的处理效果,这一直是该工艺有待突破的重要方向,这样可以降低工艺的运行费用。

试剂投加量的确定是芬顿工艺运行的难点。由上述反应式可知,Fe^{2+} 和 H_2O_2 都会猝灭自由基,投加过量会影响处理效果。该参数需要参考目前的经验(表 11-1)和通过多次的实验来获得。

表 11-1 文献中芬顿试剂氧化处理垃圾渗滤液实验参数

$n(H_2O_2)$:$n(Fe^{2+})$	COD 去除率/%	消耗量/(mg/mg COD)	
		H_2O_2	Fe^{2+}
1.1:1	70	0.19	0.29
1.6:1	79	0.14	0.14
1.1:1	70	0.13	0.20
8.9:1	50	3.13	0.58
0.7:1	69	0.64	1.60
1.6:1	45	1.85	1.85

4. 实验仪器、设备与药品

本实验分为烧杯搅拌实验和装置运行试验,先通过间歇性烧杯搅拌实验确定工艺参数,之后在连续流装置中进行运行试验。

烧杯搅拌实验仪器、设备与药品包括磁力搅拌机、分光光度计、酸度计、烧杯、量筒、双氧水(氧化剂)、pH 调节剂、硫酸亚铁。

连续流芬顿试验装置如图 11-1 所示。系统配置有配水箱、芬顿反应池、絮凝反应池、斜板沉淀池、进水泵、进水流量计、不锈钢搅拌桨、搅拌调速器、絮凝反应池搅拌电机、H_2O_2 加药泵、H_2O_2 储液槽、$FeSO_4$ 加药泵、$FeSO_4$ 储液槽、NaOH 加药泵、NaOH 储液槽、PAC 加药泵、PAC 储液槽、PAM 加药泵、PAM 储液槽。

电气控制系统包括电气控制柜、漏电保护开关、电源电压表、按钮开关和电源线插头等,并且配有在线 pH、温度和 ORP 检测装置,连接管路阀门等各 1 套。

芬顿反应池尺寸为 $\Phi150\ mm\times400\ mm$(水深为 320 mm),有效容积为 5 L;絮凝反应池尺寸为 $100\ mm\times100\ mm\times200\ mm$(水深为 125 mm),有效容积为 1.25 L;斜板沉淀池尺寸为 $320\ mm\times100\ mm\times400\ mm$(水深为 320 mm),有效容积为 10 L。

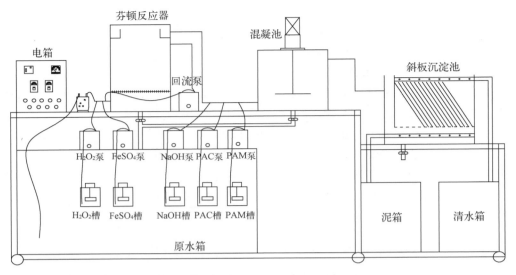

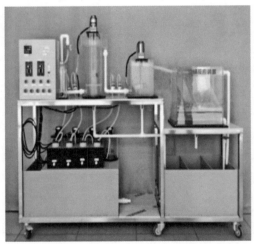

图 11‐1 连续流芬顿试验装置

5. 参考实验步骤

间歇性烧杯搅拌实验步骤：采用实际工业废水或自行配制的染料废水,首先设定废水反应的 pH(在 3～4 之间),然后按如下顺序确定试剂的最佳投加量及最佳反应 pH。

(1) 确定 H_2O_2 的最佳投加量。

(2) 确定 $FeSO_4$ 的最佳投加量。

(3) 确定合适的反应时间。

(4) 确定最佳反应 pH。

连续流装置运行试验步骤：

(1) 配制一定浓度的苯酚(或染料)以模拟废水,加入原水箱中;

(2) 打开电源开关,启动计量泵,废水进入试验管道,调节进水流量;

（3）在相应加药槽中分别添加 H_2O_2、$FeSO_4$、NaOH、PAC、PAM，待水样升至池体 2/3 处，开启搅拌装置；

（4）测定系列标准溶液的吸光度，绘制标准曲线，并根据标准曲线求出氧化前后水样中苯酚（或染料）的浓度，计算苯酚（或染料）去除率；

（5）以 pH（用 NaOH 调节）、H_2O_2 投加量、$FeSO_4$ 投加量、反应时间为影响因素，每个因素考虑三个水平，选择合适的正交表；

（6）设计试验方案，进行正交试验，并对试验结果进行分析，计算水平效应及极差，找出最佳反应条件。

6. 数据记录及分析

（1）测定原废水的色度、pH。

（2）分析 pH 对废水处理效果的影响并绘制曲线。

（3）分析 H_2O_2 投加量对废水处理效果的影响并绘制曲线。

（4）分析 $FeSO_4$ 投加量对废水处理效果的影响并绘制曲线。

（5）分析反应时间对废水处理效果的影响并绘制曲线。

（6）以 pH、H_2O_2 投加量、$FeSO_4$ 投加量及反应时间为考查因素，以苯酚去除率为指标，绘制四因素三水平正交试验表，见表 11-2 和表 11-3。

表 11-2 正交试验因素水平表

	pH	H_2O_2 投加量/(mL/L)	$FeSO_4$ 投加量/(g/L)	反应时间/min
水平 1	3	0.5	0.4	20
水平 2	4	1.0	0.6	30
水平 3	5	1.5	0.8	40

表 11-3 正交试验记录表

试验号	pH	H_2O_2 投加量	$FeSO_4$ 投加量	反应时间	苯酚去除率/%
1	1	1	1	1	
2	1	2	2	2	
3	1	3	3	3	
...					

7. 注意事项

（1）实验中使用强氧化剂双氧水，另外在调节废水 pH 过程中会频繁使用酸、碱溶液，注意做好安全防护工作。

（2）注意药品的生产日期，久置双氧水易分解，质量分数不稳定，氧化能力下降。

8. 思考题

（1）简述芬顿试剂法的优缺点及其实际应用情况。
（2）目前，芬顿试剂法处理废水所产生的污泥如何处理？

实验十二　膜分离水处理技术

1. 实验目的与意义

利用膜材料的选择性来实现料液中不同组分的分离、纯化、浓缩的过程称为膜分离工艺。膜分离与传统过滤的不同之处在于,膜可以进行分子及离子级别的物理分离,不发生相的变化。

用于水处理的膜分离技术主要有微滤(MF)、超滤(UF)、纳滤(NF)、反渗透(RO)及电渗析(ED)等,它们可以分离出悬浮微粒、胶体、微生物、大分子溶质及盐类等,广泛用于悬浮物去除、有害物质分离和有用物质提纯回收、海水淡化、纯水制备等。

膜污染是膜分离工艺的主要问题,通过大孔膜预处理,选择过滤方式,控制产水率、过滤压力等关键参数,以及膜物理、化学清洗来延缓膜污染,提高膜寿命。

本实验的目的:

(1) 现场了解膜分离组合工艺原理及各单元功能;

(2) 掌握膜分离技术在水处理中的实际应用方法及处理效果评价。

2. 实验预习

通过查阅文献,掌握不同类型的膜分离工艺的特点、组合方式及应用领域,明确膜过滤工艺运行的关键参数。自行选择废水类型,编制实验方案。

3. 实验原理

膜材料可分为无机膜和有机膜。无机膜包括陶瓷膜和金属膜,以微滤级别为主,一些高端产品可达到超滤甚至纳滤级别。有机膜由高分子材料制成,如醋酸纤维素、芳香族聚酰胺、聚醚砜、氟聚合物等。工业上常用的膜组件形式有板框膜、管式膜、中空纤维膜、卷式膜等。

实际应用中膜的过滤方式包括死端过滤和错流过滤(图 12-1)。在错流过滤过程中,料液沿膜表面流动,对膜表面截留物产生剪切力,使其部分返回主体流中,从而减轻了膜的污染。

微滤是一种精密的过滤技术,实施微孔过滤的膜称为微滤膜。微滤膜是均匀的多孔薄膜,厚度为 $90\sim150~\mu m$,过滤粒径为 $0.025\sim10~\mu m$,操作压力为 $0.01\sim0.2~MPa$。微滤膜的主要技术优点是膜孔径均匀、过滤精度高、过滤速度大、吸附量少、无介质脱落等,主要用于截留悬浮固体、细菌。

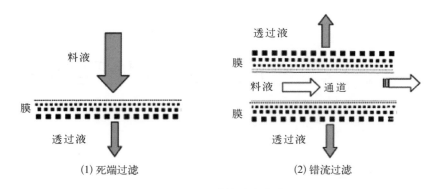

（1）死端过滤　　　　　　　　　　　（2）错流过滤

图 12 - 1　膜的过滤方式

超滤是以压力为推动力的膜分离技术之一。以大分子与小分子分离为目的，膜孔径为 20~1 000 Å。在超滤过程中，水溶液在压力推动下流经膜表面，小于膜孔径的溶剂（水）及小分子溶质透过膜，成为净化液，而比膜孔径大的溶质被截留，随水流排出，成为浓缩液。超滤膜主要用于截留大分子有机物。中空纤维超滤器（膜）具有单位容器内充填密度大、占地面积小等优点。

纳滤是一种介于超滤和反渗透之间的压力驱动膜分离技术，一般对单价离子的截留率小于 20%，对二价离子和小分子有机物的截留率大于 90%。纳滤膜的分离性能明显优于超滤膜和微滤膜，与反渗透膜相比具有部分去除单价离子及过程渗透压低、操作压力低、省能等优点，压差为 1~10 MPa。

反渗透又称逆渗透，是一种以压力差为推动力，从溶液中分离出溶剂的膜分离技术。反渗透膜能截留水中的各种无机离子、胶体物质和大分子溶质，从而制得净制的水，也可用于大分子有机物溶液的预浓缩。由于膜材料成本下降、操作方便及出水水质好，反渗透工艺已大规模应用于海水和苦咸水（如卤水）淡化、锅炉用水软化和废水处理，并与离子交换法结合制取高纯水。

反渗透工艺的重要操作参数包括：

（1）操作压力（MPa），与膜孔径成反比；

（2）脱盐率（%），与膜性能有关，脱盐率=$(c_0-c)/c_0 \times 100\%$；

（3）产水率（%）或膜通量[L/（m^2·d）]，是操作控制的重要参数，产水率偏高，膜污染会加快，在产水量不变的情况下，操作压力就会升高，或者在操作压力不变的情况下，产水量就会大幅度减少，产水率（水收率）=$Q_{渗透}/Q_{原水} \times 100\%$。

单级反渗透工艺的出水指标一般包括：色度，≤5 度；浊度，≤1 度；pH，5~7；脱盐率，≥95%；总硬度，≤4.5 mmol/L。

4. 实验装置

本实验考虑到膜分离工艺在实际使用时的情况，使实验者以最少的设备和最简单的操作方式完成一项比较完整的工业废水处理工艺模拟，将微滤、超滤、纳滤、反渗透组合在一起，形成一套独特的实验装置（图 12 - 2）。

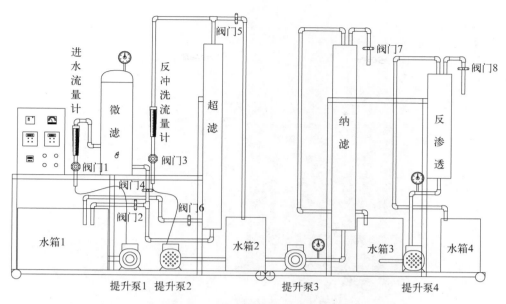

图 12-2　膜分离组合工艺实验装置

实验装置的外形尺寸为 $800\ mm \times 500\ mm \times 1\ 400\ mm$，配置有机玻璃水箱、进水泵、调节阀、流量计、精密过滤器、微滤膜组件、超滤膜组件、纳滤膜组件、反渗透膜组件、反渗透增压泵、纯水箱、压力表、控制箱、漏电保护开关、按钮开关、连接管道和球阀、带移动轮子的不锈钢支架等。

微滤器：$D42\ mm \times 280\ mm$ 不锈钢管套，膜芯尺寸为 $D30\ mm \times 250\ mm$。超滤器：$D32\ mm \times 280\ mm$ 不锈钢管套，膜芯尺寸为 $D23\ mm \times 260\ mm$，操作压力不高于 $0.15\ MPa$。纳滤、反渗透设备规格见现场使用的膜组件商标。

5. 参考实验步骤

（1）检查设备各管路是否完好，确保管路中无漏水、水泵按钮皆为关闭状态，将定量原水注入原水箱（至少到水箱 2/3 处），接通电源。

（2）关闭阀门 2（微滤放空阀）、阀门 3（超滤反冲洗进水阀）、阀门 7（纳滤减压放空反冲洗阀）、阀门 8（反渗透减压放空反冲洗阀），打开阀门 1（微滤进水阀）、阀门 4（微滤到超滤连通阀）、阀门 5（超滤出水阀），阀门 6（超滤放空减压阀）为半开状态（详见图 12-3）。

（3）打开电箱上的电源开关，启动提升泵 1 按钮，原水从水箱 1 进入微滤膜组件，经过微滤膜组件的初级处理，可过滤水中的悬浮固体、细菌等大颗粒杂质，随后流经超滤膜组件，可滤除水中的大分子有机物等，而后进入水箱 2，同时读取并记录原水的温度和 pH、进水流量及微滤膜组件的进水压力，分析进、出水的浊度变化。

（4）当观察到水箱 2 中的水至水箱 2/3 处时，启动提升泵 2 按钮，将水箱 2 中的水提升到纳滤膜组件中，可滤除相对分子质量较小的物质，如无机盐、葡萄糖、蔗糖等，同时读取并记录纳滤膜组件的进水压力，处理后的水流入水箱 3。此单元实验可以通过测试水的硬度变化来考查膜组件性能。

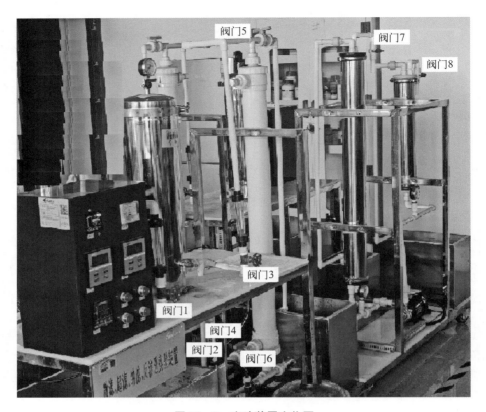

图 12 - 3　实验装置实物图

（5）当观察到水箱 3 中的水至水箱 2/3 处时，启动提升泵 3 按钮，将水箱 3 中的水提升到反渗透膜组件中，可截留水中的各种无机离子、胶体物质和大分子溶质，同时读取并记录反渗透膜组件的进水压力，制得的纯水流入水箱 4。此单元实验可以通过测试水的电导率来分析膜组件的分离功能。

（6）实验结束后，关闭提升泵 2、提升泵 3 按钮，进行超滤膜反冲洗过程。关闭阀门 4、阀门 5，打开阀门 3，启动反冲洗泵按钮，水箱 2 中的水经过反冲洗流量计流经超滤膜组件，进行超滤膜的清洗过程，一般超滤膜的清洗为每运行 30 min 则清洗 1 min，清洗超滤膜后的浓水流入水箱 1。清洗完毕后，关闭反冲洗泵按钮，关闭阀门 3。

（7）当膜的出水水质明显下降或者膜组件的进水压力明显上升时，必须对膜进行清洗。对于纳滤膜和反渗透膜的清洗，打开阀门 7、阀门 8，将软管连接在阀门 7 或者阀门 8 上，清洗膜后的水通过软管排放到地漏中。

（8）实验全部结束后，关闭全部水泵按钮，关闭电源开关，打开水箱底部的放空阀，将水排尽。

6. 数据记录及分析

实验数据记录参考表 12 - 1，分析各膜分离工艺的废水处理效果。

表 12 - 1　实验数据记录表

	操作压力/MPa	pH	浊度/NTU	硬度/(mg/L)	电导率/(S/m)
原水					
微滤出水					
超滤出水					
纳滤出水					
反渗透出水					

7. 注意事项

（1）开机前须检查系统设备的管道连接是否正确、压力调节阀是否处于全开状态。

（2）建议用去离子水冲洗系统管路及膜芯 15～60 min 后进行实验。从膜芯第一次接触液体开始，必须保持膜芯处于湿润状态，禁止干燥失水。

（3）系统运行要求：关注压力变化情况，注意操作安全；不得让金属、砂石等硬质颗粒杂质进入系统，须使用筛网或者滤袋对物料进行预过滤；不能让泵空转，以免空气进入泵，破坏隔膜片等部件。

8. 思考题

（1）简述膜通量的意义。

（2）简述膜污染的控制方法。

实验十三　电渗析实验

1. 实验目的与意义

电渗析(ED)是膜分离技术中的一种,它将阴、阳离子交换膜交替排列于正、负电极之间,用隔板将其隔开,组成除盐(淡化)和浓缩两个系统。在直流电场作用下,以电位差为推动力,利用离子交换膜的选择透过性把电解质从溶液中分离出来,从而实现溶液的淡化、浓缩、精制和提纯。

电渗析主要用于水的初级脱盐,可将 $5\,000\sim30\,000$ mg/L 的含盐量降低到 500 mg/L,耗电量为 $3\sim17$ kW·h/m³,也可将 500 mg/L 的盐水深度脱盐到 10 mg/L,此时耗电量小于 1 kW·h/m³。电渗析还用于海水与苦咸水淡化、制备纯水时的初级脱盐以及锅炉、动力设备给水的脱盐软化等。在食品及医药工业,电渗析可用于从有机溶液中去除电解质离子,在乳清脱盐、糖类脱盐和氨基酸精制中应用得都比较成功。

工艺运行过程中的电压、电流、流速、pH 对电渗析脱盐效果影响较大,需要通过针对性实验确定最佳工艺参数。

本实验的目的:

(1) 熟悉电渗析水处理工艺的配套设备及实验装置的操作方法;

(2) 探讨电压、电流、电解时间、电极间距、原水浓度和 pH 等关键工艺参数对盐及其他水质指标去除效果的影响。

2. 实验预习

通过查阅文献,了解电渗析水处理工艺的原理、关键工艺参数及其应用领域。依据实际需求或文献中的实际工程案例,自行选择废水类型和污染物浓度,编制实验方案。

3. 实验原理

电渗析器由隔板、离子交换膜、电极、夹紧装置等部件组成,其工作原理如图 13-1 所示。离子交换膜对带有不同电荷的离子具有选择透过性,阳离子交换膜只允许通过阳离子而阻止阴离子通过,阴离子交换膜只允许通过阴离子而阻止阳离子通过。

隔室是被阴、阳离子交换膜交替隔开的,处理水不断地流入隔室。在外加直流电场的作用下,原水中的阴、阳离子定向迁移,最终形成淡水室和浓水室,淡水室出水即为淡化水(简称淡水),浓水室出水即为浓盐水(简称浓水)。电能的消耗主要用来克服电流通过溶液、膜时所受到的阻力及进行电极反应。

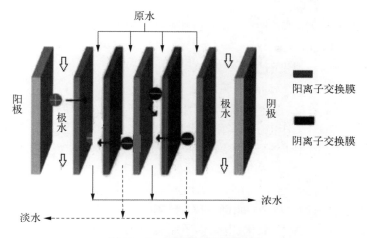

图 13－1　电渗析器工作原理

一对阴、阳离子交换膜和一对浓水、淡水隔板交替排列,组成最基本的脱盐单元,称为膜对,而多膜对叠在一起则组成膜堆。

电渗析器的重要工艺参数如下。

（1）电流效率 η：实际除盐量与理论除盐量之比。

实际除盐量 $m_1(g)$ 的计算公式为

$$m_1 = q(c_1 - c_2)tM_B/1\,000 \tag{13-1}$$

理论除盐量 $m(g)$ 的计算公式为

$$m = ItM_B/F \tag{13-2}$$

式中　q——单一淡水室出水量,L/s;

　　　c_1、c_2——淡水室进水、出水含盐量,mmol/L;

　　　t——通电时间,s;

　　　M_B——摩尔质量,g/mol;

　　　I——电流,A;

　　　F——法拉第常数,取 96 500 C/mol。

则电流效率为

$$\eta = m_1/m = q(c_1 - c_2)F/1\,000I$$

（2）电流密度 J：单位膜面积通过的电流强度。

过大的电流密度会导致阳离子交换膜的淡水室侧膜表面的离子浓度低到接近于零,要保持电流通过,就要在界面层中将水电离为氢离子和氢氧根离子,使之传递电流,这种现象称为极化现象,主要发生在阳离子交换膜的淡水一侧。而此时的电流密度就是极限电流密度（$J_{\lim}$）,该值与隔室的流道中水的污染物浓度、流速有如下函数关系：

$$J_{\lim} = KCv^n \tag{13-3}$$

式中　K——水力特性系数；

　　　C——流道中水的污染物浓度(呈现指数变化)的对数平均值，mEq/L；

　　　v——水的流速，cm/s；

　　　n——流速指数，与温度有关，一般取 0.3～0.9。

式(13-3)中的 K、n 可以通过实验测定。

为了保证设备稳定运行，工作电流应小于极限电流，超过该值时会发生故障。工作电流大，有利于提高设备效率；工作电流小，有利于防止极化现象。一般控制工作电流为极限电流的 90%。如果选定的工作电流发生变化，那么要查清原因，不可贸然采用提高电压的办法来处理。

在电渗析水处理工艺运行过程中，废水也会发生电解反应。水的电解与有机物的电解氧化会在阳极、阴极表面产生气体(如 H_2、O_2 与 CO_2、Cl_2 等)，呈微小气泡析出，不仅有上浮作用，还兼有凝聚、共沉、电化学氧化、电化学还原等作用。

4. 实验装置

电渗析实验装置如图 13-2 所示。该装置的外形尺寸约为 1 300 mm×400 mm×1 500 mm，包括有机玻璃外池、电解池、电渗析器，配套设备有水箱、增压泵、计量泵、转子流量计、压力表、取样斗、可调直流稳压电源、仪表控制箱等，并配有在线 pH、温度和 ORP 检测装置，连接管道和球阀，带移动轮子的不锈钢支架等。

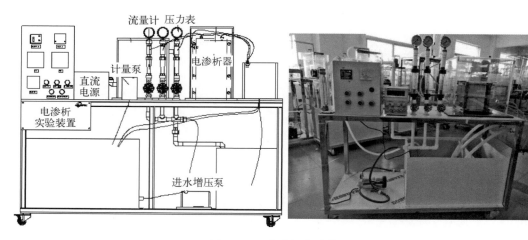

图 13-2　电渗析实验装置

电渗析器：膜堆尺寸，115 mm×320 mm；膜片尺寸，115 mm×275 mm；电极，采用钛涂钌电极板，适合于中性或酸性的高浓度氯化物盐溶液，该条件下隔室中不会产生碱垢；操作电流密度，10～50 mA/cm²。

可调直流稳压电源：输入电压，220 V；功率，500 W；输出电压，0～36 V，连续可调；输出性能，恒压/恒流可切换；显示方式，电压、电流显示，工作、过热、故障显示；稳压精度，≤0.5%；稳流精度，≤0.5%；冷却方式，风冷；保护方式，输入过压、欠压、过流保护，输出短路保护，过热保护。

5. 参考实验步骤

（1）向水箱中注入待处理的原水,打开电源开关。

（2）启动水泵,同时缓慢开启浓缩系统和淡化系统的进水阀门,使其逐渐达到最大流量,排除管道和电渗析器中的空气。注意浓缩系统和淡化系统的原水进水阀门应同时开、关。

（3）调节进水阀门,保持淡水的进口压力高于浓水的进口压力 0.01～0.02 MPa。稳定 5 min 后,记录淡水、浓水、极水的流量。

（4）测定原水的电导率(或电阻率)、水温、总含盐量,必要时测定 pH。

（5）极限电流密度测定实验。

① 测定电流密度

先接通电源,调节作用于电渗析膜上的操作电压至一稳定值(例如 0.3 V/对),读取电流表示数。然后逐次提高操作电压,获得不同的电流数值。最后根据测得的电流和测量所得的隔板有效面积求解电流密度。

电流密度 J（mA/cm²）的计算公式为

$$J = 1\,000 I / S \tag{13-4}$$

式中　I——电流,A;

　　　S——隔板有限面积,cm²;

　　　1 000——单位换算系数。

② 测定极限电流密度

采用绘制膜对电压-电流密度曲线的方法求解极限电流密度。通过改变膜对电压来改变电流密度,以测得的膜对电压为纵坐标,以相应的电流密度为横坐标,在普通坐标纸上作图。如图 13-3 所示,作图方法如下:在曲线 *OAD* 段,电压以 0.1～0.2 V/对的数值逐次递增(由隔板厚薄、流速大小决定,流速小时取低值),取 4～6 个点以便连成曲线;在曲线 *DE* 段,电压以 0.2～0.3 V/对的数值逐次递增,同上取 4～6 个点;描出膜对电压-电流密度对应点。

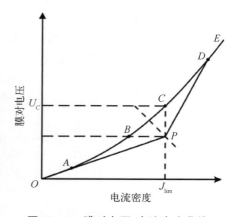

图 13-3　膜对电压-电流密度曲线

通过坐标原点和膜对电压较小的 4～6 个点作线段 *OA*,通过膜对电压较大的 4～6 个点作线段 *DE*,延长 *OA* 与 *DE*,使两者相交于点 *P*。将点 *A*、*D* 之间的各点连成平滑曲线,得拐点 *A*、*D*。过点 *P* 作水平线并与曲线相交于点 *B*,过点 *P* 作水平线的垂线并与曲线相交于点 *C*。点 *C* 即为标准极化点,点 *C* 对应的电流密度即为极限电流密度,将点 *C* 对应的膜对电压记作 U_C。

（6）求解电流效率和除盐率。

① 绘制膜对电压-电导率曲线

以膜对电压为纵坐标,以出口处淡水的电导率为横坐标,在普通坐标纸上作图。描出膜

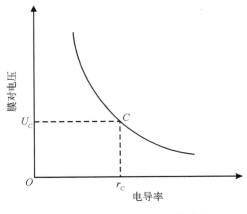

图 13 - 4　膜对电压-电导率曲线

对电压-电导率对应点,并连成平滑曲线,如图 13 - 4 所示。先过点 U_C 作横坐标轴的平行线并与曲线相交于点 C,然后过点 C 作平行线的垂线并与横坐标轴相交于点 r_C。点 r_C 对应的电导率即为所求的出口处淡水电导率,据此查电导率-含盐量曲线,求出点 r_C 对应的出口处淡水含盐量。

② 计算电流效率和除盐率

电流效率:根据表 13 - 1 中有关数据计算,并以％表示。上述有关电流效率的计算都是针对一对膜(或一个淡水室)而言的,这是因为膜的对数只与电压有关,而与电流无关(膜对增加,而电流保持不变)。

除盐率:去除的盐量与进水含盐量之比,即

$$除盐率 = \frac{C_1 - C_2}{C_1} \times 100\% \tag{13-5}$$

式中　C_1、C_2——进水、出水含盐量,mEq/L,前已求得。

(7) 确定水力特性系数和流速指数。

改变流速(或流量),重复膜对电压-电流密度实验步骤。对于每套装置,应测 4～6 个不同流速下的数值,在进水压力不大于 0.3 MPa 的条件下,应包括 20 cm/s、11 cm/s、5 cm/s 这几个流速。不同流速下可得到不同的极限电流密度 $J_{\lim}$ 和相应的淡水对数平均离子浓度 C,依据公式(13 - 3),采用图解法或解方程法求出 K、n。

6. 数据整理分析

将极限电流密度测定实验中测得的各个技术指标填入表 13 - 1 中。

表 13 - 1　极限电流密度测定实验记录表

隔板类型:　　　　　编号:　　　　极段数目:　　　　日期:

测定时间	进口处流速*/(cm/s)			淡水室含盐量		电流		电压/V			pH		水温/℃	备注
	淡水	浓水	极水	进水电导率/(S/cm)	进水含盐量/(mEq/L)	电流/A	电流密度/(mA/cm²)	总	膜堆	膜对	淡水	浓水		

注:＊若测定进口处流量,则其单位为 L/s。

将 K、n 系数计算数据填入表 13-2 中,注意实验次数不宜太少。

表 13-2　K、n 系数计算表

序号	实验号	J_{lim} /(mA/cm²)	v/(cm/s)	C/(mEq/L)	J_{lim}/C	lg(J_{lim}/C)	lg$v$
1							
2							
…							

7. 注意事项

（1）涉及电气设备,注意操作安全。

（2）千万不可以颠倒电渗析器的运行操作顺序。开始运行时,一般先通水,水的流量和压力稳定后再通电;停止运行时,先将电压调至零,停电后再停水。

（3）电渗析膜保持湿润。开始和停止运行时,浓水阀门、淡水阀门和极水阀门应平缓同步开启、关闭。

8. 思考题

电渗析法除盐与离子交换法除盐各有何优点？适应性如何？

第三篇

污水生物处理实验

1. 概述

污水的生物处理是指利用微生物的新陈代谢作用去除水中的污染物。根据微生物在代谢过程中所处的生化环境,生物处理可分为好氧生物处理、缺氧生物处理和厌氧生物处理;根据生物反应器构型,生物处理又可分为悬浮型和附着型两类。污水的生物处理工艺类型主要是按照生化环境和反应器构型的差异划分的。

污水生物处理法是建立在水环境自净作用基础上的人工强化技术,已有百余年的发展历史,具有高效、低耗、高产能等优点,且运行费用低,广泛应用于大规模生活污水和工业废水处理工程中。1881年,法国科学家发明了moris池,这是最早的污水处理生物反应器,属于封闭厌氧型;1893年,科学家在英国首先应用了生物滤池;1914年,科学家在英国公布了活性污泥法。在此后的半个多世纪里,好氧生物处理成为稳定污水中有机物的核心工艺,而厌氧生物处理主要用于污泥稳定、高浓度有机废水处理及生物除磷等。

污水生物处理法的主要缺点是生化环境不够理想,微生物数量不够多,反应速度较小,处理设施的基建投资和运行费用较高、运行不够稳定,难降解有机物处理效果差等。另外,从可持续发展战略的观点来衡量,污水生物处理法还具有消耗大量有机碳、剩余污泥量大、能耗高等缺点。因此,需要通过实验开发新型污水处理工艺。

2. 污水生物处理的基本原理

微生物不断从外界环境中摄取营养物质,通过生物酶催化的复杂生化反应在体内不断进行物质转化和交换,总体上包含以下两个过程:

(1) 分解代谢,即微生物分解复杂营养物质,降解高能化合物,获得能量;

(2) 合成代谢,即微生物通过生化反应将营养物质转化为复杂的细胞成分。

根据氧化还原反应中最终电子受体的不同,分解代谢可分为发酵和呼吸,呼吸又分为好氧呼吸和缺氧呼吸。

发酵是微生物将有机物氧化释放的电子直接交给底物本身未完全氧化的某种中间产物,同时释放能量并产生不同代谢产物的过程。这种生物氧化反应不彻底,最终生成的还原产物是比原来底物简单的有机物。在该反应过程中,释放的自由能较少,故厌氧微生物在进行生命活动的过程中为了满足能量的需要,消耗的底物要比好氧微生物的多。呼吸是微生物在降解底物的过程中将释放的电子交给电子载体,经过电子传递系统传给外源电子受体,从而生成水或其他还原产物并释放能量的过程。其中,以分子氧作为最终电子受体,称为好氧呼吸;以具有氧化性的化合物作为最终电子受体,称为缺氧呼吸,如反硝化过程。

生化环境是污水的生物处理工艺分类的重要依据之一,对生物处理效果有重要影响。特别是对于工业废水的生物处理,生化环境尤为重要。有些降解只能够以厌氧方式进行,或者只能够以好氧方式进行。

污水的好氧生物处理是指在有游离氧(分子氧)存在的条件下,好氧微生物降解有机物,使其稳定、无害化。微生物利用污水中存在的有机物(以溶解状态与胶体状态为主)作为营养源(碳源)进行好氧代谢。有机物经过代谢活动,约有1/3被分解、稳定,并提供其生理活动所需的能量；约有 2/3 被转化、合成新的原生质（细胞质），即进行微生物自身生长繁殖。其主要优点如下：反应较快，所需的反应时间较短，故所处理构筑物的容积较小（除难降解工业废水以外）；处理效果好，一般在厌氧生物处理后要加好氧生物处理，以进一步降低污染物浓度；处理过程中散发的臭气较少，对有毒污水的适应能力强。

污水的厌氧生物处理是指在没有游离氧存在的条件下，兼性细菌与厌氧细菌降解和稳定有机物。在厌氧生物处理过程中，复杂的有机物被降解、转化为简单的化合物，同时释放能量。在这个过程中，有机物的转化分为三部分进行：一部分被转化为 CH_4，可回收利用；还有一部分被分解为 CO_2、H_2O、NH_3、H_2S 等无机物，并为细胞合成提供能量；少量被转化、合成新的原生质的组成部分，其污泥增长率小得多。该工艺的主要特点是处理过程中不需要另加氧气源，故运行费用低；另外，其突出的优点是剩余污泥量小和可回收利用 CH_4 等能源。其主要缺点如下：启动和反应较慢，所需的反应时间较长，故所处理构筑物的容积较大；为维持较大的反应速度，需要维持较高的温度，故要消耗能源；产臭气，处理效果较差。

3. 微生物的生长规律

根据微生物的生长速率，其生长过程可分为四个时期，其中的规律可以指导我们开展污水生物处理实验，并将其应用到实际污水生物处理系统的操作与调试中。

（1）延迟期（适应期） 若活性污泥被接种到与原来生长条件不同的污水中，或污水处理厂因故中断运行后再运行，则可能出现延迟期。污水生物处理实验初期的活性污泥驯化培养阶段也会出现延迟期。延迟期是否存在或停滞时间的长短，与接种活性污泥的数量、污水性质、生长条件等因素有关。

（2）对数增长期 当污水中有机物浓度高，且培养条件适宜时，活性污泥很快会进入对数增长期。处于对数增长期的活性污泥的絮凝性较差，呈分散状态，通过显微镜检查（简称镜检）能看到较多的游离细菌，所含有机物浓度较高，活性强，沉淀不易，混合液沉淀后的上层液混浊，以滤纸过滤时的滤速很小。

（3）稳定期 当污水中有机物浓度较低、活性污泥浓度较高时，活性污泥有可能处于稳定期。此时，活性污泥的絮凝性好，混合液沉淀后的上层液清澈，以滤纸过滤时的滤速大，污水的处理效果好。

（4）衰亡期 当污水中有机物浓度较低、营养物质明显不足时，可能出现衰亡期。处于衰亡期的活性污泥松散、沉降性能好，混合液沉淀后的上层液清澈，但有细小泥花，以滤纸过滤时的滤速大。

4. 微生物生长的影响因素

在污水生物处理过程中，如果条件适宜，那么活性污泥的增长过程与纯种单细胞微生物的增殖过程大体相仿。其增长受污水性质、浓度、温度、pH、溶解氧等多种环境因素的影响。这些因素影响微生物的生长过程和污水的处理效果，是污水处理实际操作的重要控制指标，也是污水生物处理实验中必须考虑的关键因素。

微生物生长所需的营养物质必须包括组成细胞的各种原料和产生能量的物质，主要有水、碳素营养源、氮素营养源、无机盐和生长因子。在实际污水处理中,特别是在工业废水处理中,对于好氧生物处理,一般估算营养比例(BOD$_5$:N:P)为 100:5:1。

各类微生物生长的温度范围不同,一般为 5～80℃。根据微生物适应的温度范围,微生物可以分为中温性(20～45℃)、好热性(高温性,45℃以上)和好冷性(低温性,20℃以下)三类。当温度超过最高生长温度时,高温会使微生物的蛋白质迅速变性和使其酶系统遭到破坏而失活;低温会使微生物的代谢活力降低,进而处于生长繁殖停止状态,但仍保存生命力。厌氧微生物对温度的依赖性相对较强,一般需要在中温条件下生长繁殖。

不同的微生物有不同的 pH 适应范围,大多数微生物适合中性和偏碱性(pH＝6.5～7.5)的环境。污水生物处理过程中应保持最适 pH 范围。当污水的 pH 变化较小时,降低pH,丝状菌、真菌生长繁殖,会发生污泥膨胀,应设置调节池,使进入反应器(如曝气池)的污水保持在合适的 pH 范围。

溶解氧是影响好氧生物处理效果的重要因素之一,好氧生物处理过程中的溶解氧含量一般以 2～4 mg/L 为宜。溶解氧含量偏高,一般不会影响处理效果,但能耗较高。其总体需求量与污水生物处理系统中有机负荷和溶解氧的传质有关。

工业废水中有时存在着对微生物具有抑制和杀害作用的化学物质,我们称这类物质为有毒物质。其毒害作用主要表现在细胞的正常结构遭到破坏和菌体内的酶变质而失去活性,因此应对有毒物质严加控制,使其浓度在允许的范围内。对有毒物质浓度的要求与其毒性和微生物的种类有关。例如有研究表明,当苯酚浓度为 100 mg/L 时,微生物的比生长速率达到最大,之后生长受到抑制;又有研究结果显示,苯酚的 Sc 为 3.7 mg/L,o-甲酚的 Sc为 1.3 mg/L,Sc 为 100％抑制硝化作用的毒物浓度。

5. 生化反应动力学基础

在污水生物处理中,人们总是创造合适的环境条件去得到希望的反应速度。生化反应动力学研究内容是底物降解速率和微生物生长速率与底物浓度、微生物量、环境因素等方面的关系,明确从反应物过渡到产物所经历的途径。

在生化反应中,反应速度是指单位时间里底物的减少量、最终产物的增加量或细胞的增加量。在污水生物处理中,以单位时间里底物的减少量或污泥的增加量来表示生化反应速度。

莫诺(Monod)方程描述了微生物的比生长速率与底物浓度的关系:

$$\mu = \mu_{max} \frac{S}{K_s + S} \tag{3.1}$$

式中 μ——微生物的比生长速率,h^{-1};
  S——限制微生物生长的底物浓度,mg/L;
  K_s——饱和常数。

在环境条件具备的情况下,底物利用速率与现有微生物浓度 X 成正比,即

$$dS/dt = rX \tag{3.2}$$

式中 r——微生物的比底物利用速率,即单位微生物量利用底物的速率常数。

劳伦斯-麦卡蒂(Lawrence-McCarty)方程描述了底物浓度与微生物的比底物利用速率的关系:

$$r = r_{\max} \frac{S}{K_s + S} \tag{3.3}$$

在生化反应过程中,微生物生长与有机底物降解是同时进行的。1951 年,霍克莱金(Heukelekian)等人提出了两者的关系式:

$$\left(\frac{\mathrm{d}X}{\mathrm{d}t}\right)_g = Y\left(\frac{\mathrm{d}S}{\mathrm{d}t}\right)_u - K_d \cdot X \tag{3.4}$$

式中 X——反应器中微生物浓度,mg/L;

   Y——产率系数,mg(微生物量)/mg(被降解底物量);

   K_d——内源呼吸(或衰减)系数。

在实际工程中,产率系数(微生物生长系数)Y 常以实际测得的观测产率系数(表观产率系数)Y_{obs} 代替,则

$$\left(\frac{\mathrm{d}X}{\mathrm{d}t}\right)_g = Y_{obs}\left(\frac{\mathrm{d}S}{\mathrm{d}t}\right)_u \tag{3.5}$$

上述建立了污水生物处理的动力学基本方程,其对建立污水生物处理反应器数学模型有十分重要的意义。

6. 实验设计参数

由于实验装置中反应器容积 V 一定,因而可以通过改变原水初始污染物浓度或进水流量来控制系统负荷,以达到良好的处理效果。

下面以曝气池为例介绍有机物负荷法污水生物处理实验中的设计参数。

污泥负荷是指单位质量活性污泥在单位时间内所能承担的 BOD_5 量,即

$$L_s = \frac{F}{M} = \frac{Q(S_0 - S_e)}{XV} \tag{3.6}$$

式中 L_s——污泥负荷,kg BOD_5/(kg MLVSS · d);

   Q——平均进水流量,m^3/d;

   S_0、S_e——曝气池进水、出水的 BOD_5 值,mg/L;

   X——曝气池中的污泥浓度,mg/L。

容积负荷是指单位容积曝气区在单位时间内所能承担的 BOD_5 量,即

$$L_v = \frac{Q(S_0 - S_e)}{V} \tag{3.7}$$

式中 L_v——容积负荷,kg BOD_5/(m^3 · d)。

根据经验值设定污水生物处理系统的污泥负荷或容积负荷,可计算曝气池体积(表 3.1)。

表 3.1　各种活性污泥工艺参数的设定

工艺名称	曝气时间/h	污泥泥龄/d	MLSS/(g/L)	污泥负荷/[kg BODs/(kg MLVSS·d)]	容积负荷/[kg BODs/(m³·d)]	处理效率/%	污泥回流比/%	kg O₂/(kg BOD₅)
高速曝气	0.5～2	2～4	3～8	0.4～1.5	2～4	75～85	≥100	0.7～0.9
常规曝气	4～12	5～15	1.5～3	0.2～0.4	0.4～0.9	90～95	25～50	0.8～1.1
延时曝气	＞16	＞15	2～5	0.05～0.15	0.1～0.4	≥95	75～150	1.4～1.8

而城镇污水的典型动力学参数如表 3.2 所示。

表 3.2　城镇污水的典型动力学参数

动力学参数	单　位	选择范围	典型值
r_{max}	g COD/(g VSS·d)	2～10	5
K_s	g BOD₅/m³	25～100	60
Y	g VSS/(g BOD₅)	0.4～0.8	0.6
K_d	d⁻¹	0.04～0.075	0.06

常见生物膜法工艺的负荷和处理效率如表 3.3 所示。

表 3.3　常见生物膜法工艺的负荷和处理效率

生物膜法类型	有机负荷/(kg BOD₅·m⁻³·d⁻¹)	水力负荷/(m³·m⁻²·d⁻¹)	BOD₅处理效率/%
普通低负荷生物滤池	0.1～0.3	1～5	85～90
普通高负荷生物滤池	0.5～1.5	9～40	80～90
塔式生物滤池	1.0～2.5	90～150	80～90
生物接触氧化池	2.5～4.0	100～160	85～90
生物转盘	0.02～0.03*	0.1～0.2	85～90

注：* 单位为 kg BOD₅·m⁻²·d⁻¹。

7. 实验安排方法

污水生物处理实验项目包括活性污泥法、生物膜法、膜生物反应器和厌氧/缺氧/好氧组合工艺四个类型，包括间歇式活性污泥法(SBR)、连续流活性污泥法(CSTR)、塔式生物滤池、生物转盘、生物接触氧化池、膜生物反应器(MBR)、A/O、A²/O 这八种工艺及二十余套设备。

污水生物处理实验属于创新型或综合型实验，同学们需要进行实验预习，通过查阅文献,小组自行选择污水类型,根据实验室设备条件选择污水处理工艺,进行详细实验方案设计。设计内容包括依据系统处理负荷进行污水配制、系统启动和运行维护方法、污泥(生物膜)指标和污水指标分析、系统功效评价等。将污水处理过程的理论知识融入实际实验运行操作中,掌握影响系统运行维护的水质环境条件和关键工艺参数。

由于污水生物处理需要较长的启动时间和运行时间才能达到稳定运行状态,因而很难在短时间内掌握工艺运行方法和评价处理效果。一般"环境工程综合实验"总时间为2周,采用2个班分别上课的方式,统筹考虑,该课程时间可以延长一个月左右。因此,污水生物处理实验类型就不能面面俱到,建议每个小组选择1或2个工艺。在实验运行期间,各小组每天需要维护该污水生物处理系统的运行,评价污水的处理效果和微生物的生长过程。

实验十四　间歇式活性污泥法(SBR)

1. 实验目的与意义

SBR工艺是早期充排式(Fill-Draw)反应器的一种改进,比连续流活性污泥工艺出现得更早,但因当时运行管理条件限制而被连续流系统取代。随着自动化控制水平的提高,SBR工艺引起了人们的重新重视,并对它进行了更加深入的研究与改进。

与连续流活性污泥工艺相比,SBR工艺具有系统组成简单(不设二次沉淀池)、抗冲击负荷、运行操作灵活和易自动化控制等优点。然而该工艺的处理效率较低,一般应用于间歇排放及中小型污水处理中,但可以通过改良应用于水量较大的场合,如上海松江某污水处理厂采用的MSBR工艺。

本实验的目的:
(1) 现场了解SBR装置组成,掌握SBR工艺的运行操作方法;
(2) 针对某种污水进行处理实验,确定最佳工艺参数和评价处理效果。

2. 实验原理

SBR工艺属于悬浮型生物处理工艺,配有曝气系统和搅拌装置,在流态上属完全混合式,可以进行好氧生物处理、缺氧生物处理,也可以通过设计曝气装置、搅拌装置来形成A/O运行模式,在好氧、缺氧、厌氧的不同生化环境条件下达到去除有机污染物和脱氮效果。

SBR工艺的基本运行过程包括进水、反应、沉淀、排水(排泥)和闲置这五个阶段(图14-1)。

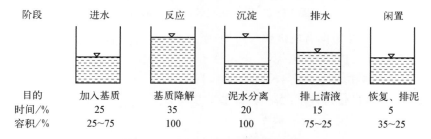

阶段	进水	反应	沉淀	排水	闲置
目的	加入基质	基质降解	泥水分离	排上清液	恢复、排泥
时间/%	25	35	20	15	5
容积/%	25~75	100	100	75~25	35~25

图14-1　SBR工艺的基本运行模式

从污水流入到闲置结束构成一个周期,在每个周期里,上述阶段都是在一个设有曝气装置或搅拌装置的反应器内依次进行的。在实验室中,一般进水时间和排水(排泥)时间较短,故主要为反应与沉淀这两个阶段。

SBR工艺流程通过厌氧与好氧这两个过程不断交替进行,或者与厌氧生物处理工艺组合,广泛应用于污水中 COD、N、P 指标的去除。张统在《间歇式活性污泥法污水处理技术及工程实例》[①]一书中介绍了 SBR 工艺对四环素废水、屠宰废水、白酒废水的处理功效,总结了 SBR 工艺设计和应用过程中应注意的问题。

(1) 水量平衡。间歇运行,进水量与出水量需要匹配,这关系到反应池的体积及调节池的取舍问题。

(2) 控制方式的选择。如果操作不复杂,一天只排一次水,采用手动操作的工作量不大,那么只设计手动操作会比较经济、可靠。

(3) 曝气方式的选择。间歇曝气容易使水泥堵塞曝气头微孔,尽量选择防堵型曝气头。

(4) 排水方式的选择。排水时尽量均匀排出,不干扰沉淀底泥和防止水面漂浮物排出。一般选用浮动式或旋转式排水装置,虽然价格较高,但排水均匀,排水量可以调节。

(5) 关注排水比的确定、雨水对池内水位的影响、排泥与污泥泥龄的控制、反应池的长宽比等。处理工业废水时,最好通过实验确定曝气时间,同时考虑 SBR 工艺与其他工艺的联合应用。

3. 实验装置及材料

SBR 实验装置如图 14-2 所示,该装置的外形尺寸为 1 300 mm×450 mm×1 500 mm。

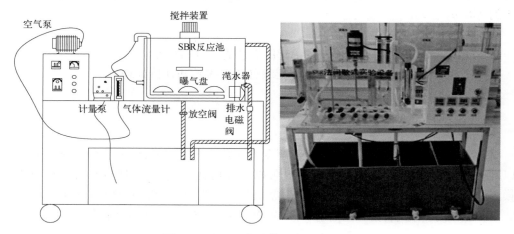

图 14-2　SBR 实验装置及实物照片

实验系统包括 SBR 矩形有机玻璃反应池、曝气盘、浮动滗水器、配水箱、气体流量计、低噪声充氧泵、调速电机、搅拌器、电控箱、漏电保护开关、按钮开关、连接管道、球阀、进水三通阀门、带移动轮子的不锈钢台架等,配有在线 pH、温度和 ORP 检测装置。

实验原水由小组自行选择或配制,按照实验预习方案启动运行,安排同学每日进行维护管理,污泥、污水指标测定,数据记录等。

4. 参考实验步骤

实验前需准备一定量的工业废水或城市污水(保证营养成分齐全),并培养一定量的活

---

① 张统.间歇式活性污泥法污水处理技术及工程实例[M].北京:化学工业出版社,2002.

性污泥。检查并关闭以下阀门:进水箱的排空阀门,空气泵的出气阀门,SBR反应池的排空阀门,滗水器的出水阀门。

(1) 在实验记录本上写好日期、小组人员名单、温度等。开启电控箱的电源开关,打开计量泵,将原水箱中的原水送入SBR反应池中至设计水位。

(2) 关闭提升泵,根据SBR反应池体积投放活性污泥菌种,使SBR反应池内MLSS达到一定的浓度;打开空气泵,开始曝气反应,必要时可以开启搅拌装置。

(3) 系统混合均匀后,对混合液取样,分析SV、MLSS、MLVSS等活性污泥指标,测定pH、COD等水质指标。若进行脱氮除磷实验,则分析相关指标。

(4) 经过一个或多个设定的曝气反应时间(对于工业废水,需要确定反应时间)后,对混合液取样,分析SV、MLSS、MLVSS等活性污泥指标,测定pH、COD等水质指标,计算污泥增长率和基质降解率。之后停止曝气,关闭搅拌装置。

(5) 经过静置沉淀后,打开电磁阀,滗水器进行排水。排水量为SBR反应池的2/3左右,排水时间可通过程序控制器设定。之后关闭电磁阀,并使滗水器上浮到液面上。

(6) 依据所分析的活性污泥指标和水质指标找出实验问题,重新配水进行后续实验运行,使系统达到稳定状态。在满足实验预习方案的出水指标要求后,维持系统的稳定状态和处理效果若干天,实验结束。该实验过程包括启动、运行、稳定多个阶段,需要每日换水、持续维护才能得到可靠的结果和确定最佳的工艺条件。

(7) 实验结束后的整理过程如下:① 关闭空气泵的出气阀门;② 关闭功能插座上的所有开关;③ 关闭电控箱的空气开关,拔下电源插头;④ 打开进水箱、SBR反应池的所有排空阀门;⑤ 用自来水清洗各个容器,排空所有积水,为下次实验备用。

5. 数据记录

(1) 测定数据 S_0、S_e、MLSS 和 MLVSS。
(2) 作图求出动力学常数 r_{max}、K_s 和 Y_{obs}。
(3) 绘制有机负荷(S_0/X_t)与去除率的关系曲线、有机负荷与表观产泥率的关系曲线。

将实验数据记入表14-1中,同时要记录日期、温度、pH、ORP及活性污泥指标等,详细记录运行过程中的系统调试方法和操作步骤。

表14-1 实验数据记录表

序号或日期	DO /(mg/L)		BOD /(mg/L)		COD /(mg/L)		SS /(mg/L)		NH₃-N /(mg/L)		TP /(mg/L)	
	进水	出水	进水	出水	进水	出水	进水	出水	进水	出水	进水	出水

6. 注意事项

(1) 活性污泥的驯化培养是污水生物处理的重要步骤。实验前去污水处理厂等地方取一定量的活性污泥，针对所选污水类型进行驯化。在接触微生物的过程中，要注意安全防护。

(2) 在系统运行过程中，密切关注 SBR 反应池中活性污泥的均匀性和混合液的 pH。

(3) 定时检查空气泵等电气设备的温度，观察是否有异常情况。

7. 思考题

简述 SBR 工艺运行过程中的难点和要点。

附：活性污泥的评价指标及其测定

活性污泥的评价指标一般有生物相、混合液悬浮固体浓度（MLSS）、混合液挥发性悬浮固体浓度（MLVSS）、污泥沉降比（SV）、污泥容积指数（SVI）和污泥泥龄等。

混合液悬浮固体浓度，又称混合液污泥浓度，表示曝气池的单位容积混合液所含活性污泥固体物的总质量。混合液挥发性悬浮固体浓度表示混合液的活性污泥中有机固体物质部分的浓度。对于生活污水和以生活污水为主体的城市污水，MLVSS 与 MLSS 的比值在 0.75 左右。

对于性能良好的活性污泥，除具有去除有机物的能力以外，还应具有好的沉降性能。这是发育正常的活性污泥所具有的特性之一，也是二次沉淀池正常工作的前提和出水达标的保证。活性污泥的沉降性能可用污泥沉降比和污泥容积指数这两项指标来加以评价。污泥沉降比是指曝气池混合液在 100 mL 量筒中沉淀 30 min 后，污泥体积和混合液体积之比，用百分数（%）表示。活性污泥混合液经过 30 min 沉淀后，沉淀污泥的密度可接近于最大密度，因此可用 30 min 作为测定活性污泥沉降性能的依据。一般生活污水和城市污水的 SV 为 15%～30%。污泥容积指数是指曝气池混合液经过 30 min 沉淀后，每克干污泥形成的沉淀污泥所占有的容积，以 mL 计，即单位为 mL/g。

一般来说，当 SVI 小于 100 时，活性污泥的沉降性能良好；当 SVI 为 100～200 时，活性污泥的沉降性能一般；而当 SVI 大于 200 时，活性污泥的沉降性能较差，活性污泥易膨胀。一般城市污水的 SVI 在 100 左右。

具体的实验操作步骤如下。

(1) 将直径为 12.5 cm 的中速定量滤纸折好并放入已编号的称量瓶中，在 103～105℃的烘箱中烘 2 h，取出称量瓶，放入干燥器中冷却 30 min，在电子天平上称重，记下称量瓶编号和质量 m_1(g)。

(2) 将已编号的瓷坩埚放入马弗炉中，在 600℃下灼烧 30 min，取出瓷坩埚，放入干燥器中冷却 30 min，在电子天平上称重，记下瓷坩埚编号和质量 m_2(g)。

(3) 用 100 mL 量筒量取曝气池混合液 100 mL（记作 V_1），静置沉淀 30 min，观察活性污泥在量筒中的沉降现象,到时记下沉淀污泥的体积 V_2(mL)。

(4) 从已编号和已称重的称量瓶中取出滤纸并放入已插在 250 mL 三角瓶上的玻璃漏斗中,将测定过污泥沉降比的 100 mL 量筒内的泥水全部倒入漏斗中,过滤(用水冲净量筒,将冲洗水也倒入漏斗中)。

(5) 将过滤后的污泥连同滤纸放入原称量瓶中,在 103～105℃ 的烘箱中烘至恒重(约 2 h),取出称量瓶,放入干燥器中冷却 30 min,在电子天平上称重,记下称量瓶编号和质量 m_3(g)。

(6) 取出称量瓶中已烘干的污泥和滤纸并放入已编号和已称重的瓷坩埚中,在电炉上炭化后置于马弗炉中,于 600℃ 下灼烧至恒重。取出瓷坩埚,放入干燥器中冷却 30 min,在电子天平上称重,记下瓷坩埚编号和质量 m_4(g)。

污泥沉降比的计算公式如下:

$$SV = \frac{V_2}{V_1} \times 100\% \qquad (14-1)$$

混合液悬浮固体浓度(g/L)的计算公式如下:

$$MLSS = \frac{(m_3 - m_1) \times 1\,000}{V_1} \qquad (14-2)$$

污泥容积指数的计算公式如下:

$$SVI = \frac{SV}{MLSS} \qquad (14-3)$$

混合液挥发性悬浮固体浓度(g/L)的计算公式如下:

$$MLVSS = \frac{(m_3 - m_1) - (m_4 - m_2)}{V_1 \times 10^{-3}} \qquad (14-4)$$

实验十五　连续流活性污泥法（CSTR）

1. 实验目的与意义

活性污泥工艺的曝气池有推流式、完全混合式、序批式（SBR）和封闭环流式四种基本类型，各种类型的曝气池各有优点，应用于不同的水质环境条件下，且在不断地进行改革与演变。推流式、完全混合式和封闭环流式活性污泥工艺一般都采用连续流运行方式。与 SBR 工艺不同，CSTR 工艺系统要求连续进水和连续出水，反应池需要全天曝气，因此污水处理效率较高，反应池也需要全天候维护，以保证系统中原水充足、设备运行良好、管路畅通、污泥回流和污水排放到位、指标分析检测及时等。

本实验采用完全混合式曝气池装置，主要实验目的：

（1）掌握 CSTR 工艺系统的组成、控制因素、运行操作和维护方法；

（2）针对实际复杂问题设计实验方案，确定最佳工艺参数，评价污水处理效果。

2. 实验原理

早期 CSTR 工艺一般选用推流式曝气池类型，对于毒性较小的生活污水或城镇污水，一般认为完全混合式曝气池的处理效果没有推流式曝气池的好（图 15-1）。

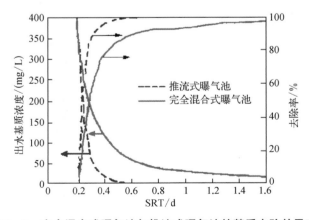

图 15-1　完全混合式曝气池与推流式曝气池的基质去除效果对比

然而随着工业的发展，城镇污水中工业废水的比例不断提高，其毒性有所上升，出现了推流式曝气池抗毒性冲击能力较差的问题，由此开发了完全混合式曝气池。

在完全混合式曝气池中,池液中各个部分的微生物种类和数量基本相同,生活环境也基本相同。当进水出现冲击负荷时,池液的组成变化较小,因为骤然增加的负荷可被全池混合液分担,而不像推流式曝气池中仅仅由部分回流污泥及曝气池前段承担。因而从某种意义上讲,完全混合式曝气池是一种大的缓冲器。它不仅能缓和有机负荷的冲击,也能降低有毒物质的影响,在工业污水处理中有一定优势。为适应完全混合的需要,机械曝气的圆形池子得到了发展,其中机械曝气器很像搅拌机,而圆形池子便于完全混合。

传统的 CSTR 装置主要由曝气池、沉淀池、污泥回流系统和污泥排放系统组成(图 15 - 2)。

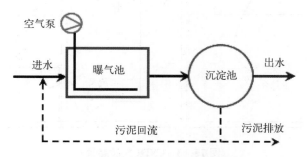

图 15 - 2　CSTR 工艺的基本流程

CSTR 工艺系统的主要操作过程如下:(1) 污水(与回流污泥一起)进入曝气池;(2) 通过曝气设备的充氧、搅拌进行好氧生物代谢;(3) 反应完成后,混合液进入沉淀池进行固液分离;(4) 污泥回流以保持污泥浓度,剩余污泥做排放处理。

活性污泥中的细菌是一个混合群体,常以菌胶团的形式存在,其性状是系统稳定运行的关键。活性污泥除了要有氧化和分解有机物的能力,还要有良好的凝聚和沉淀性能,以使活性污泥能从混合液中分离出来,从而得到澄清的出水。活性污泥的性状决定了系统的运行状况和处理功效,必须及时通过测试评价活性污泥的性状参数。活性污泥的传统表征方法包括分析表观性状(如颜色、气味、状态等),利用显微镜观察生物相,测定污泥沉降比(SV)、污泥浓度(MLSS、MLVSS)和污泥容积指数(SVI)等。

活性污泥法系统的运行效果受许多因素的影响,主要包括容积负荷、有机负荷、微生物浓度、曝气时间、污泥泥龄、氧气的传递速度、回流污泥浓度、污泥回流比以及污水 pH、溶解氧浓度等。

在本实验中,自行选择要处理的污水类型,通过文献查询确定系统容积负荷、污泥负荷或污泥泥龄,选择系统进水浓度或水力停留时间等参数,调节至最佳生化环境,运行,评价系统处理功效。

建议污泥泥龄为 20~30 d,MLSS 为 3 000~5 000 mg/L,混合液的回流比为 100%~300%,曝气池中的溶解氧浓度为 1.5~2.5 mg/L。

3. 实验装置

CSTR 实验装置如图 15 - 3 所示。实验系统包括水箱、计量泵、曝气池、曝气盘、空气泵、沉淀池、污泥回流泵等,配有在线 pH、温度和 ORP 检测装置。

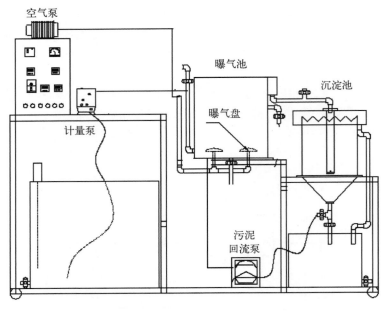

图 15-3 CSTR 实验装置

4. 参考实验步骤

（1）污水处理设计：确定污水性质、系统有机负荷、污水处理效率、固体停留时间（SRT）和水力停留时间（HRT）等参数。

（2）系统启动：配制污水，投入活性污泥种，曝气，调节气量，按水力停留时间调节进水流量。

（3）系统运行：通过测定污水（进水和出水）的 SV、温度、pH、COD、NH_3-N、DO（ORP）等指标，评价系统运行特征。

（4）改变系统容积负荷或有机负荷，考查污水处理效果。

5. 数据记录及分析

（1）实验数据记录：包括实验日期、时间，系统运行情况，设备运行情况，配水详情，系统调试情况，活性污泥指标和污水指标测定结果等。

（2）数据整理和功效评价：在不同负荷条件（通过改变原水浓度或进水流量）下，以时间为横坐标，分析活性污泥指标和污水指标的变化规律，评价污水处理效果。

6. 注意事项

（1）在系统运行过程中，注意观察活性污泥的颜色和气味、曝气效果、沉淀池中的污泥状况和污泥回流量。

（2）微生物的活性受到水温变化会发生波动,合适的温度为 $25\sim35℃$,水温越低,微生物的活性越差,注意测温。

7. 思考题

（1）讨论容积负荷的变化对污水处理效果的影响。

（2）对比 CSTR 工艺与 SBR 工艺的优缺点。

实验十六　塔式生物滤池污水处理

1. 实验目的与意义

生物膜法是附着型生物处理法的统称,包括生物滤池、生物转盘、生物接触氧化池等工艺,其共同特点是微生物附着生长在滤料或填料表面,通过形成生物膜来降解附着流过的污水。

生物滤池和生物转盘不需要曝气装置,前者采用自然通风,后者通过机械转动与空气接触而吸收氧。这些工艺虽然总体负荷较低,但相对节能,另外对于一些在曝气下产生大量泡沫的废水,可能会得到良好的效果。目前,所采用的生物膜工艺多数是好氧工艺,也有厌氧工艺。与活性污泥法对比,生物膜法具有生物相非富(细菌和真菌、原生动物和后生动物、藻类、滤池蝇等)、微生物分层分布和污泥泥龄长等优点;其主要缺点是滤料或填料装卸成本较高,存在堵塞、传质性能较差等问题。

塔式生物滤池是由德国化学工程师舒尔兹于 1951 年应用气体洗涤塔原理而开发的一种污水处理工艺。污水自上而下滴流,水流紊动剧烈;负荷是普通生物滤池的 $2 \sim 10$ 倍,容积负荷一般为 $1 \sim 3$ kg $BOD_5/(m^3 \cdot d)$;水力停留时间短,一般仅为几分钟;处理一般不完全,BOD 去除率为 $60\% \sim 85\%$;对有毒物质冲击负荷的适应性强,可用于有机废水预处理。

本实验的目的:

(1) 了解塔式生物滤池的构造及运行操作方法;

(2) 掌握塔式生物滤池工艺在不同负荷条件下的污水处理效果。

2. 实验原理

生物滤池是应用较早的生物膜工艺,主要优点是出水水质好,对水质、水量变化的适应性较强。典型的生物滤池的构造包括滤床、布水设备和排水系统。

滤床由滤料组成,滤料是微生物生长、栖息的场所,理想的滤料应具备较大的比表面积、较高的机械强度和低廉的价格等特性。早期主要以拳状碎石为滤料,此外,碎钢渣、焦炭等也可作为滤料,其粒径为 $3 \sim 8$ cm。20 世纪 60 年代中期,塑料工业的发展,由于其密度较低、比表面积较大,可以提高滤床的高度,进而强化污水处理效果,塑料滤料开始被广泛使用。

布水系统分为移动式和固定式两种类型。移动式布水系统中回转式布水器的中央是一根空心的立柱,底端与设在池底下面的进水管连接,其所需水头为 $0.6 \sim 1.5$ m。固定式布水系统由虹吸装置、馈水池、布水管道和喷嘴组成。

排水系统由排水假底、集水沟和池底组成,主要作用是收集从滤床流出的污水与生物膜、支撑滤料和保证通风。

影响生物滤池污水处理效果的主要因素包括底物组分和浓度、有机负荷、溶解氧、生物膜量、pH、温度、有毒物质等。对底物组分的首要要求是满足微生物对 C、N、P 的需求，其比例为 100∶5∶1，另外需要一些常量元素和微量元素。生活污水一般可以满足微生物对营养的需求，而工业废水则存在较多的问题，一般需要补加成分。生物滤池与其他生物处理工艺一样，底物浓度会导致系统中微生物的特性和剩余污泥量发生变化，从而影响出水水质。相比之下，生物滤池具有较强的抗冲击负荷能力，系统对底物组分和浓度的变化有一定的缓冲能力，但会造成出水水质的变化。

负荷是影响生物滤池污水处理效果的首要因素，是集中反映其工作性能的设计参数。生物滤池的负荷分为有机负荷和水力负荷，前者的单位为 kg BOD_5/[m^3（滤床）· d]，后者又称滤率，单位为 m^3（污水）/[m^2（滤床）· d]。负荷的选取与生物膜载体、供养条件及运行方式（主要是水力冲刷）等有关。

低负荷生物滤池又称普通生物滤池，优点是处理效果好，BOD_5 去除率可达 90％以上；缺点是占地面积大、易于堵塞，灰蝇很多，影响环境卫生。后来，人们通过采用新型滤料来革新流程，提出了多种形式的高负荷生物滤池（如塔式生物滤池），使负荷率比普通生物滤池提高了数倍，池子体积大大缩小。

塔式生物滤池的塔身较高，自然通风良好，供氧充足，污泥量较少。污水通过布水器连续、均匀地喷洒到滤床表面，污水在重力作用下以水滴的形式向下渗沥，或以薄膜的形式向下渗流，最后达到排水系统，流出滤池。在污水流经滤床时，污染物附着在滤料表面，其中微生物在滤料表面大量繁殖而形成生物膜。污水中的有机污染物被生物膜中的微生物吸附、降解，从而使污水得到净化。

容积负荷是生物滤池的一个重要参数。它是指每立方米滤料每日所能接受（降解）的有机物量，一般指单位时间所能接受的五日生化需氧量千克数，其单位为 kg BOD_5/(m^3 · d)，由式（16-1）计算得到。

$$N_V = \frac{Q(S_0 - S_e)}{V} \qquad (16-1)$$

式中　Q——污水流量；

　　　　S_0——进水的 BOD（或 COD）；

　　　　S_e——出水的 BOD（或 COD）；

　　　　V——滤料（载体）的体积。

生物膜是生物处理的基础，必须保持足够的数量。在实验过程中，首先要进行载体挂膜，可以采用循环污水方式，通过分析水质指标和观察载体表面微生物负载情况来确定挂膜情况；然后在不同的负荷条件下开始运行实验，当处理效果稳定时，工艺评价结束。

滤床的滤料材质对系统挂膜及处理效果的影响较大，是该工艺创新开发的关键之一。实验室配备的滤料是聚丙烯球，实验小组可以自行选择、采购新型滤料进行该实验。

3. 实验设备

如图 16-1 所示，实验装置的外形尺寸为 700 mm×450 mm×2 200 mm，包括塔式生物滤池、水箱、增压进水泵、旋转布水器、流量计、电控箱、漏电保护开关、按钮开关、进水三通阀门等,配有在线 pH 和温度检测装置。

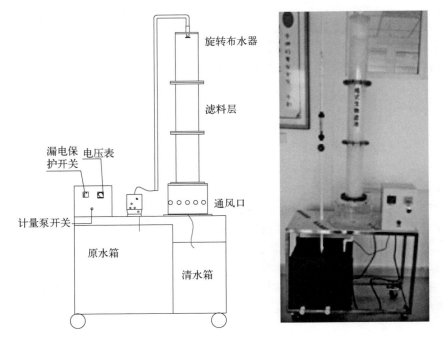

图 16 - 1　塔式生物滤池实验装置

塔式生物滤池为有机玻璃材质,金属框架与底座;滤柱 Φ150 mm,高 2 米;填料容积大于 0.08 m³;电源电压为 220 V,功率为 400 W。

4. 参考实验步骤

(1)挂膜启动:对于生物膜的培养,最好采用接种培养法,即采取污水处理厂曝气池内活性污泥与水样的混合液,由旋转布水器从塔上部向塔内喷洒的方法,当生物膜成熟后,即沿水流方向,当生物膜上由微生物组成的生态系统对有机物的降解能力达到平衡后,便可进行实验。

(2)按照实验预习方案选定一个容积负荷,打开水泵,调节流量,将污水由旋转布水管喷洒到塔内,测定出水的水温及进出水的 pH、COD 等,也可以采用循环污水方式来考查污水处理效果。

(3)描述微生物的性状及其在载体上的负载情况,观察生物相。

(4)改变容积负荷,考查污水处理效果。

5. 数据处理

在塔式生物滤池运行期间,认真观察、描述挂膜情况,并依据实际情况改变容积负荷或运行方式,甚至改换生物载体材料,以提高挂膜速度。

在系统挂膜成功后，自选污水类型进行运行，按不同容积负荷设计进水的流量、COD、悬浮物(SS)、氨氮(NH₃-N)，考查污水处理效果及微生物生长状况。将实验数据记录在表16-1中。

表16-1　塔式生物滤池实验数据记录表(水温：　　℃)

运行日期	pH		COD/(mg/L)		SS/(mg/L)		NH₃-N/(mg/L)	
	进水	出水	进水	出水	进水	出水	进水	出水

计算 COD、SS、NH₃-N 等污染指标的去除率：

$$\eta = \frac{S_0 - S_e}{S_0} \times 100\% \tag{16-2}$$

式中　S_0——进水的污染指标；
　　　S_e——出水的污染指标。

6. 注意事项

(1) 实验中系统挂膜是关键步骤，前期可采用循环污水方式进行挂膜。
(2) 滤池高度及过滤速度对污水处理效果的影响很大，注意调控。

7. 思考题

影响塔式生物滤池污水处理效果的因素有哪些？

实验十七　生物转盘污水处理

1. 实验目的与意义

生物转盘是一种生物膜法处理设备,其去除污水中有机污染物的机理与生物滤池基本相同,但其构造形式与生物滤池不相同。生物转盘的主要优点是动力消耗低(不需要曝气装置)、抗冲击负荷能力强,且无须回流污泥,运行管理方便;主要缺点是占地面积大、易散发臭气,在寒冷的地区时需做保温处理。

以往生物转盘主要用于量较小的污水处理厂(站),近年来的实践表明,生物转盘也可以用于日处理量在 20 万吨以上的大型污水处理厂。生物转盘可用于完全处理、不完全处理和工业废水的预处理,按需要定。在我国,生物转盘主要用于处理工业废水,在化学纤维、石油化工、印染、皮革和煤气发生站等行业的工业废水处理方面均得到了应用。

本实验的目的:

(1) 加深对生物转盘的工作原理、构造及关键参数的认识;

(2) 掌握生物转盘的运行操作方法,明确该工艺的污水处理效果。

2. 实验原理

生物转盘的主要组成部分有转动轴、盘片、处理槽和驱动装置等。转动轴具有足够的强度和刚度以防止断裂或挠曲,直径在 50 mm 以上,长度为 0.5~7 m。盘片需要高强度、轻质、耐腐蚀及容易挂膜,受材料、污水与膜的接触均匀性、外缘膜易脱落等影响,直径不可能做很大,一般盘片的直径为 2~3 m,转速为 2~3 r/min,间距为 20~30 mm。处理槽呈与盘片相吻合的半圆形或多边形,净空距离为 20~50 mm,设有排泥管和放空管。通常选用附有减速装置的电动机作为驱动装置,根据具体情况也可以采用水轮驱动或空气驱动。

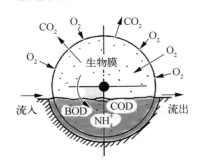

图 17-1　生物转盘污水处理机理

生物转盘的主体是垂直固定在水平轴上的一组圆形盘片和一个同它们配合的半圆形处理槽。微生物生长所形成的一层生物膜附着在盘片表面,有 40%~45% 的盘面(在转动轴以下的部分)浸没在污水中,上半部分的盘面敞露在大气中(与厌氧生物转盘对比)。工作时,污水流过处理槽,电动机带动盘片转动,生物膜与大气和污水轮替接触,浸没时吸附污水中的有机物,敞露时吸收大气中的氧气。盘片的转动带进空气,并引起处理槽内污水紊动,使处理槽内污水的溶解氧均匀分布,其机理如图 17-1 所示。当盘片上的生物膜失去活性时,其会脱落并随同出水流至二次沉淀池中。

生物转盘的负荷分为有机负荷和水力负荷,前者的单位为 kg BOD$_5$/[m²(盘片)·d],后者的单位为 m³(污水)/[m²(盘片)·d]。设计时,负荷的选取与污水性质、污水浓度、气候条件以及生物转盘的构造形式和运行方式等多种因素有关,可以通过试验或根据经验值确定。一些生物转盘污水处理经验参数如表 17-1 所示。

表 17-1 生物转盘污水处理经验参数

污水性质	处理程度(出水 BOD$_5$)/(mg/L)	盘面有机负荷/[g BOD$_5$/(m²·d)]
生活污水	≤60	20~40
生活污水	≤30	10~20
煮炼废水	≤60	12~16
染色废水	≤30	20

上海第十化学纤维厂于 1989 年采用了超滤-生物转盘工艺处理涤纶油剂废水,废水量为 280 m³/d。超滤工艺主要去除废水中的油剂,以保证后续生物处理正常运行。在生物转盘运行期间,生物转盘可以正常挂膜运行 7~10 天。该厂主要通过冬季保温和投配生活污水或营养药剂(保证 BOD、N、P 的比值为 100∶5∶1),保证了出水 COD 小于 45 mg/L,达到了废水回用的目的。废水处理设施总投资 72 万元,合计吨水投资 0.254 万元,运行费用包括水电费、药剂费和人工费,约为 0.6 元/m³。

3. 实验装置

实验设备由厌氧生物转盘改造得到,如图 17-2 所示。实验装置包括转动电机、调速电机(转速为 10~60 r/min)、转动轴、盘片、处理槽、水箱、计量泵、液体流量计、电控箱、漏电保护开关、按钮开关、连接管道、球阀、带移动轮子的不锈钢台架等。

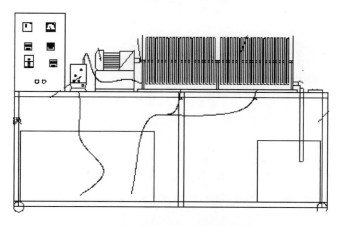

图 17-2 好氧生物转盘实验装置

4. 参考实验步骤

采用接种培养法培养生物膜,即将运行良好的污水处理厂曝气池内的活性污泥与水样混合后注入处理槽内,运转生物转盘,一天更换 1~2 次原水,或依据 COD 降解情况进行循环处理。原水 COD 基质浓度按生物转盘表面负荷设计参数自行确定,N、P 及其他营养元素适量加入。在前期挂膜阶段,可以超负荷循环运行,以节约挂膜时间和降低操作难度。

(1)由于原水含有足够的营养物质和微生物,一般情况下在 7 d 左右,生物转盘的盘片上就会形成生物膜,待生物膜上由微生物组成的生态系统达到了平衡,且有了一定降解有机物的能力后便可投入实验。

(2)将水样注入水箱,打开水泵,调节流量,启动转动电机,使生物转盘开始运转,通过调速电机调节转速。

(3)考查不同盘面负荷、转盘转速条件下的污水处理效果。

(4)实验结束后,排掉设备内水样,关闭电源。

5. 数据记录及分析

在实验运行期间,认真观察生物转盘的挂膜情况,确定最佳挂膜条件;按不同盘面负荷、转盘转速进行污水处理,考查处理期间的污水处理效果。自行设计表格,记录实验水温及进出水的 pH、COD、NH_3-N、ORP 等水质指标,定量描述生物膜量及变化情况,对污泥中的原生动物进行镜检描述。

6. 注意事项

(1)生物转盘的转动靠电动机带动,转动时要均匀稳定,不能过快,注意留意电动机的温度是否异常。

(2)工艺启动时间较长,注意观察生物转盘的挂膜情况及出水 COD 指标变化。

7. 思考题

分析生物转盘污水处理效果的影响因素。

实验十八 生物接触氧化污水处理

1. 实验目的与意义

生物接触氧化法是一种好氧生物膜法。生物接触氧化池内设有填料,填料浸没在污水中,生长生物膜。在污水与生物膜接触过程中,污水中的有机物被微生物吸附、氧化分解,并生成新的生物膜。

生物接触氧化法兼有生物膜法和活性污泥法的特点,部分微生物以生物膜的形式附着生长在填料表面,而部分微生物则以絮状悬浮生长于水中(总微生物量为两者之和)。生物接触氧化工艺具有较高的微生物浓度,一般可达 10～20 g/L,这样有机负荷就会得以提高;具有较高的氧利用率,传质性能较好;具有较强的抗冲击负荷能力;不需要污泥回流,没有污泥膨胀问题,运行管理方便。

本实验的目的:

(1) 了解生物接触氧化工艺组成,掌握该工艺的运行操作方法;

(2) 针对不同类型的污水,确定最佳工艺运行参数,评价系统处理功效。

2. 实验原理

生物接触氧化系统由浸没于污水中的填料、填料表面的生物膜、曝气系统和池体构成,其中微生物所需的氧常通过鼓风曝气装置供给。生物膜在生长至一定厚度后,局部可能发生缺氧或厌氧代谢。曝气所引起的水力冲刷作用会造成生物膜的脱落,并促进新生物膜的生长,从而形成生物膜的新陈代谢,脱落的生物膜将随出水流入二次沉淀池中进行固液分离。

生物接触氧化工艺的关键在于填料的选择,若所选填料合适,则该工艺启动时间短、污泥泥龄长、污泥产率低、处理效率高、运行管理方便。填料上微生物附着量大且孔隙率大,可以大幅度提高水力负荷和减少反应时间(表 18-1)。因此,该工艺已广泛应用于石油化工、农药、中药、抗生素和制药、化纤、棉纺印染、毛纺针织染色、丝绸、绢纺、芝麻脱胶、轻工造纸、皮革、养殖、屠宰和肉类加工、饮料和食品加工、发酵酿造等行业的工业废水处理。

有工程项目设计生物接触氧化池处理城镇污水,填料容积负荷为 1.5 kg BOD$_5$/(m^3·d),有效接触时间为 2 h,气水比为 15 m^3/m^3。

生物接触氧化池工程池体设计时,长宽比宜采用 2∶1～1∶1,有效水深为 3～6 m,进水应避免短流,宜设置导流槽。按 HJ 2009—2011《生物接触氧化法污水处理工程技术规范》,生物接触氧化池的进水应该符合如下条件:

（1）水温宜为 12～37℃，pH 宜为 6～9，营养组合比（BOD$_5$∶N∶P）宜为 100∶5∶1；

（2）去除氨氮时，进水的总碱度（以 CaCO$_3$ 计）与氨氮的比值不宜小于 7.14；脱总氮时，进水的易降解碳源 BOD$_5$ 与总氮的比值不宜小于 4，不满足时应补充碳源。

表 18‑1　去除碳源污染物主要工艺设计参数（设计水温：20℃）

项　　目	符　号	单　　位	参数值
填料容积负荷	Mc	kg BOD$_5$/(m^3·d)	0.5～3.0
悬挂式填料填充率	η	%	50～80
悬浮式填料填充率	η	%	20～50
污泥产率	Y	kg VSS/(kg BOD$_5$)	0.2～0.7
水力停留时间*	HRT	h	2～6

注：* 此参数仅适用于生活污水和城镇污水。

对于进水 SS 超过 500 mg/L 的工业废水，应采取初沉或混凝沉淀预处理工艺；当进水 COD 大于 2 000 mg/L 时，应考虑厌氧生物预处理。

3. 实验装置及材料

实验装置如图 18‑1 所示，也可以组合采用 A/O 工艺运行方式，以达到脱氮的目的。实验装置包括球阀，进水三通阀门，在线 pH、温度和 ORP 检测装置，带移动轮子的不锈钢台架等。

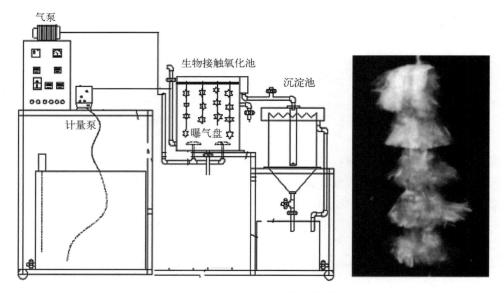

图 18‑1　生物接触氧化实验装置及填料照片

生物接触氧化池的填料是该工艺的创新点之一。近年来，国内外都对纤维状填料进行了研究。纤维状填料由尼龙、维纶、腈纶、涤纶等化学纤维编结成束得到，以绳状连接。为安装、检修方便,常以料框组装填料,带框放入池子中。当需要清洗、检修时,可逐框轮替取出,池子无须停止工作。

　　本实验向生物接触氧化池中加入了半软性聚丙烯填料。常见软性纤维状填料规格如表18-2所示。

表 18-2　常见软性纤维状填料规格

纤维束长度 /mm	纤维束数量 /(根/束)	束间距离 /mm	比表面积 /(m²/m³)	成品质量 /(kg/m³)	挂膜质量 /(kg/m³)	孔隙率 /%	材　质
600	9 259	300	9 891	10～12	200	＞99	
800	3 906	400	5 563	6～7	110	＞99	圆片:低压聚
1 000	2 000	500	3 561	4～5	72	＞99	乙烯/聚丙烯
1 200	1 157	600	2 472	2.5～3	60	＞99	纤维束:合成
1 400	729	700	1 987	2～2.5	39	＞99	纤维
1 600	488	800	1 390	1.5～2	28	＞99	

注:数据来自 HJ 2009—2011《生物接触氧化法污水处理工程技术规范》。

4. 参考实验步骤

　　实验原水由小组自行选择或配制,按照实验预习方案启动运行,安排同学每日进行维护管理,污泥、污水指标测定,数据记录等。实验前需准备一定量的工业废水或城市污水(保证营养成分齐全),并且培养一定量的活性污泥种。

　　(1)污水处理设计:确定污水性质、系统有机负荷、污水处理效率、固体停留时间(SRT)和水力停留时间(HRT)等参数。

　　(2)系统启动:配制污水,投入活性污泥种,曝气,调节气量,按水力停留时间调节进水流量,观察填料的挂膜情况;也可以自行创新改性生物填料,进行挂膜对比实验,开发新型生物载体材料。

　　(3)系统运行:通过测定污水(进水和出水)的 SV、挂膜微生物量、温度、pH、COD、DO等指标,评价系统运行特征。

　　(4)改变系统容积负荷或有机负荷,考查污水处理效果。

　　(5)实验结束后,关闭气泵的出气阀,关闭功能插座上的所有开关,关闭电源控制箱上的空气开关,拔下电源插头。

5. 数据记录

　　(1)测定污水指标及污泥的性状数据。

　　(2)绘制有机负荷(S_0/X_t)与去除率的关系曲线、有机负荷与表观产泥率的关系曲线。

　　将实验数据记入表18-3中,同时要记录日期、温度、pH、ORP及活性污泥指标等,详细记录运行过程中的系统调试方法和操作步骤。

表 18－3　实验数据记录表

序　号	DO/(mg/L)		BOD/(mg/L)		COD/(mg/L)		SS/(mg/L)		NH₃－N/(mg/L)		TP/(mg/L)	
	进水	出水	进水	出水	进水	出水	进水	出水	进水	出水	进水	出水
1												
2												
…												

6. 注意事项

（1）实验中填料要完全浸没在污水中，系统启动时微生物培养方式与活性污泥法中类似，注意观察生物膜生长状况，调控进水有机负荷。

（2）定时刮取生物膜进行镜检，注意观察生物膜中特征微生物的种类和数量，为调整工艺运行参数提供依据。

7. 思考题

（1）简述生物接触氧化工艺的应用情况。

（2）如何提高填料的挂膜速度？

实验十九　膜生物反应器（MBR）污水处理

1. 实验目的与意义

MBR 是采用膜（微滤膜或超滤膜，也用筛网和无纺布膜）代替二次沉淀池进行污泥固液分离的污水处理装置，是生物膜法和活性污泥法的有机结合。该工艺的主要优点是系统运行稳定性好、出水水质好、占地面积小、污泥浓度高、对污染物降解处理能力强、污泥泥龄长、剩余污泥量少。随着膜材料价格的降低，MBR 广泛应用于化工难降解废水处理及污水回用领域，全球市值逐年上升。该工艺的主要缺点是膜成本较高，这样导致工艺投资大，另外膜污染限制了膜的使用寿命，增加了投资成本。MBR 系统中污染物的去除主要靠生物处理，膜主要起到固液分离的作用。为缓解膜污染，MBR 系统要选用正确的通量，采用合适的预处理技术和膜冲刷、清洗技术等。

本实验的目的：

（1）掌握 MBR 处理污水的工艺流程及单元组成；

（2）掌握 MBR 工艺运行的关键参数与设备运行方法；

（3）评价 MBR 工艺的污水处理效果。

2. 实验原理

MBR 按照膜组件在系统中的位置分为外置式和内置式两种类型（图 19-1），其中内置浸没膜生物反应器在污水处理中应用较广。

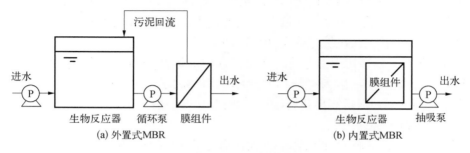

图 19-1　MBR 的类型

按照膜孔径，MBR 中的膜可分为无纺布膜、微滤膜、超滤膜、纳滤膜等，一般采用微滤膜或超滤膜，膜孔径通常为 $0.1\sim0.4\ \mu m$；按照膜结构，MBR 中的膜组件可分为平板膜组件、管状膜组件、中空纤维膜组件等,表 19-1 给出了具有不同结构的膜组件的特性。

表 19-1　不同种类膜组件特性

名称/项目	中空纤维式	毛细管式	螺旋卷式	平板式	圆管式
价格/(元/m³)	40～150	150～800	250～800	800～2 500	400～1 500
装填密度	大	中	中	小	小
清洗	难	易	中	易	易
压力降	高	中	中	中	低

当采用中空纤维膜组件时,装填密度可达 160 m²/m³,一般采用从外向内的污水流动方式(图 19-2),采用的典型膜通量为 15 L/(m²·h),膜池的 BOD 容积负荷应在 2 kg BOD₅/(m³·d)以下[传统推流式活性污泥工艺的 BOD 容积负荷为 0.4～0.9 kg BOD₅/(m³·d)]。

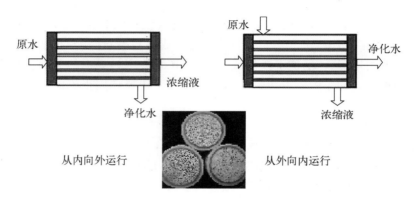

图 19-2　MBR 中空纤维膜组件中污水流动方式

MBR 工艺的特点如下。

(1) 在传统的污水生物处理中,泥水分离是在二次沉淀池中靠重力作用完成的,其分离效率依赖于活性污泥的沉降性能,沉降性能越好,泥水分离效率越高。而活性污泥的沉降性能取决于曝气池的运行状况,要改善活性污泥的沉降性能,就必须严格控制曝气池的操作条件,这限制了该方法的适用范围。用膜分离代替污泥沉淀,可避免污泥膨胀问题,系统运行稳定性好,且由于取消二次沉淀池建设,因而占地面积小。

(2) 由于传统的活性污泥工艺对二次沉淀池中的固液分离有要求,因而曝气池中的污泥不能维持在较高浓度,一般为 1.5～3.5 g/L,从而限制了生化反应速度。而 MBR 中的污泥浓度可比普通活性污泥法高出几倍,膜池中的 MLSS 一般控制在 6 000～10 000 mg/L,对污染物降解处理能力强。

(3) MBR 工艺采取膜截留污泥,一方面污泥泥龄长(硝化效果好),剩余污泥量少,另一方面出水水质好,特别是浊度很低。

本实验使用进口 PVDF 或国产 PP 中空纤维膜组件作为内置式 MBR 膜装置,设计膜通量为 5～15 L/(m²·h),膜寿命一般为 2～4 年,但间歇出水不稳定,易发生膜破裂断丝。

3. 实验装置

实验装置如图 19-3 所示。该装置的外形尺寸为 1 000 mm×500 mm×1 300 mm,包括 MBR 反应池、污水配水箱、清水箱、计量泵、液体流量计、出水流量计、低噪声充氧泵、气体流量计、平板膜组件、隔膜抽吸泵、可编程自动控制器、电控箱、漏电保护开关、按钮开关、进水三通阀门、连接管道、球阀、带移动轮子的不锈钢台架等,配有在线 pH、温度和 ORP 检测装置。

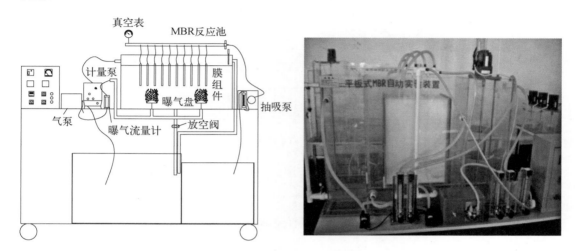

图 19-3 MBR 污水处理实验装置及实物照片

根据膜池大小和膜组件类型,自行计算膜面积,设计膜通量。生物处理停留时间按 BOD 容积负荷计算,以保证生物处理效果。

4. 参考实验步骤

(1) 清水实验 向清水箱中注入原水,打开电源开关;打开计量泵,调节进水流量至实验所需;待原水淹没曝气头后,开启气泵,调节气体流量;待原水在 MBR 反应池内一段时间后,打开抽吸泵进行抽水;观察装置能否正常运行、有无漏水现象,测定清水中膜的通水量(通水量按工程案例经验选择)。

(2) 污水配制 在设计膜通量范围后,确定污水的流量范围,据此设定系统 BOD 容积负荷,在污水配水箱中配制一定 COD 浓度的实验用水,调配 N、P 等营养成分,也可以直接采用实际污水。实验用水可以通过文献查询或遇到的实际环保问题自行选择,执行实验预习方案,使实验具有创新性。

(3) 活性污泥接种与培养 将污水泵入 MBR 反应池中,接种活性污泥,采用间歇运行方式培养活性污泥,密切关注混合液的 SV 变化,调控营养成分和曝气强度。当系统 SV 大于 5%,且 COD 去除效果稳定时,可以考虑连续流运行方式。进水流量根据膜通量、系统 BOD 容积负荷设计,设计溢流管,设定膜组件、抽吸泵的出水流量应小于或等于进水流量,避免 MBR 反应池中污水液面大幅度下降。

（4）系统连续运行和污水处理效果评价　每天定时配制污水，保证系统 24 h 运行所需要的污水量；检查系统进出水、气泵等设备运行情况，是否有异常发热问题；关注膜通量变化及膜污染情况；分析系统中污泥沉降及生长情况，及时调配污水中的营养成分。

（5）运行过程中膜污染的控制　当出水流量出现明显下降时，可将出水管连接自来水管，用自来水反向冲洗膜组件，持续时间约为 2 min。若冲洗效果不明显，则关闭膜组件的手动出水阀门，取下和该阀门连接的活动软管，整体取出膜组件，用自来水冲洗该组件中空纤维膜上缠绕的污泥，洗干净后对膜组件进行化学清洗，常用的清洗试剂及清洗时间可以参考表 19-2 中数据。将冲洗干净后的膜组件和活动软管重新放入有机玻璃池内，重新启动并投入运行。

表 19-2　常用的清洗试剂及清洗时间

污染物	化学试剂	浓度或 pH	清洗时间
有机物	10%次氯酸钠	1 000～5 000 mg/L	1～2 h
有机物	氢氧化钠	pH＜12	1 h
无机物	盐酸	0.1 mol/L	1～2 h

（6）实验完毕后，关闭抽吸泵、水泵、气泵，关闭电控箱电源，进行膜组件、MBR 反应池、污水配水箱清洗。

5. 数据整理

膜通量是系统运行的关键参数，关系到膜污染情况和污水处理效果，注意观察、记录。另外，记录温度等环境条件，测定活性污泥指标和水质指标，评价污水处理效果。依据表 19-3 中内容自行收集与处理实验数据。

表 19-3　MBR 污水处理实验数据

时间	进出水 COD/(mg/L)	抽吸压力/排水量	进出水 NH_3-N/(mg/L)	出水浊度/NTU
备注	进水流量：_____　　　温度：_____　　　pH：_____ 气水比：_____　　　膜污染描述：_____ SV＝_____；MLSS＝_____ g/L；DO＝_____ g/L			

将实验数据绘制成通水量与时间的关系曲线,以及 MLSS 等活性污泥指标、COD 等水质指标去除率与时间的关系曲线。

6. 注意事项

(1) 装有膜组件的反应池要保持水能淹没膜组件,避免膜因为干燥而损坏。
(2) 注意观察电气设备的运行情况。

7. 思考题

膜生物反应器净化污水的原理是什么?

实验二十　厌氧-缺氧/好氧 (A²/O) 污水处理

1. 实验目的与意义

A²/O工艺的优点是通过改变微生物的生化环境来实现的,主要从以下两方面强化传统活性污泥工艺的处理效果:第一,由于系统中有缺氧反硝化单元和厌氧释磷单元,因而可以达到污水脱氮除磷的目的;第二,充分发挥厌氧或缺氧微生物和好氧微生物对有机物各自不同的降解优势及其在不同生化环境中的协同作用,如水解酸化-好氧生物处理,强化总体COD去除效果。该工艺已被广泛应用于城市生活污水处理中,在纺织印染、煤气焦化、石油化工、制药、食品等领域工业废水处理中的应用也十分广泛,取得了许多宝贵的成果。

本实验的目的:

(1) 加深对A²/O工艺原理的认识,掌握系统装置的组成和单元功能;

(2) 明确工艺设计、运行的关键参数和技术环节要点;

(3) 针对不同污水类型进行系统处理实验,确定最佳工艺参数,评价处理效果。

2. 实验预习

实验操作前,查阅文献,了解系统的工艺原理及实验过程中要考虑的问题,特别是要明确影响污水处理效果的因素(表20-1)。实验过程中,按实验预习方案开展实验,做好记录,分析这些因素对微生物生长情况及污水处理效果的影响特征。

表 20-1　A²/O 工艺运行过程中的主要影响因素

因素	影　响　特　征
温度	温度影响生化反应速度,特别是对硝化和反硝化反应的影响较大,而对生物除磷过程的影响较小,一般适宜温度为 15～30℃
DO	厌氧池中 P 释放,应控制 DO 浓度在 0.2 mg/L 以下;在缺氧池中,反硝化过程中 DO 浓度小于 0.5 mg/L;好氧池中 DO 浓度可以大于 2 mg/L。实验系统经在线 ORP 检测,一般在好氧条件下,系统的 ORP 取决于 DO 浓度,DO 浓度降低,ORP 随之迅速降低;当 DO 消耗完毕或接近于消耗完毕时,控制系统 ORP 的因素较为复杂,有机物浓度是其中之一
pH	硝化过程中最适宜 pH 为 7.0～7.5;磷的吸收过程中 pH 不能低于 6.5。应保证碱度充足

因素	影　响　特　征
C/N、C/P	厌氧池中 P 的释放需要挥发性脂肪酸(VFA),随着 C/P 值的增大,P 的去除率明显增大,BOD/TP 值应大于 20;缺氧池中反硝化反应需要碳源,随着 C/N 值的增大,N 的去除率增大,BOD/TKN 值应大于 4～6;好氧池中异养菌与硝化菌竞争底物,BOD/TKN 值不宜太大,当负荷小于 $0.15\ g\ BOD/(g\ MLSS \cdot d)$ 时,硝化反应才能正常进行
出水 SS	出水 SS 会影响 COD、P 达标的排放,应分析非溶解性 COD 和 P 的含量
污泥泥龄	污泥泥龄是污水生物过程中的重要参数,关系到有机物的降解、硝化和除磷效果。硝化反应需要较长的污泥泥龄,而污泥泥龄较短,剩余污泥的排放量较大,污泥对磷的摄取作用较强,总体除磷效果较好。一般只要能满足硝化反应和反硝化反应要求,系统按最短污泥泥龄运行
水力停留时间	A^2/O 工艺水力停留时间(HRT)的设计与原水水质有关,生活污水可按 1∶1∶3 来设计,总停留时间为 10 h,也可按 1∶2∶4 设计,总停留时间为 14 h
回流	混合液回流主要影响池容大小及脱氮效果,可采用回流比 30%;污泥回流主要考虑硝态氮含量对厌氧池中 P 释放的影响,可采用回流比 100%
有毒物质	硝化菌对有毒物质比较敏感,主要是一些重金属(如 Zn、Hg 等)、氰化物、叠氮化钠等,还有游离氨和亚硝酸盐

3. 实验原理

难降解有机废水处理是污水生物处理中的难点之一,有些废水可以通过多生化环境下组合降解达到较好的处理效果,如印染废水、化工园区废水等,一般都采用 A/O 或 A^2/O 工艺进行处理。A/O 和 A^2/O 工艺在废水有机物去除方面最显著的特点是用水解池取代了传统的初沉池,提高了有机物在该工艺段的去除率。更重要的是,经过水解处理,废水中的有机物不但在数量上发生了很大的变化,而且在理化性质上也发生了变化,更适宜后续好氧生物处理。

污水脱氮除磷也是目前水处理领域的一个难题。针对脱氮过程中碳源的消耗问题,研究人员创造性地开发了前置缺氧/好氧(A/O)生物脱氮工艺,即将缺氧反硝化单元设置在系统前面,硝化后的污水回流至系统前置反应器中,以污水中有机物为碳源进行反硝化反应。然而,该工艺的脱氮程度受出水硝态氮的影响,另外没有设置厌氧释磷单元,因此研究人员开发了同步脱氮除磷的 A^2/O 工艺(图 20-1)。

该工艺的原理如下:原污水进入厌氧反应器(A_1),同步进入的还有从沉淀池中排出的含磷回流污泥,主要功能为释放磷,部分有机物氨化;污水经过厌氧反应器进入缺氧反应器(A_2),首要功能为脱氮,硝态氮通过内循环从好氧反应器中回流而来,回流量一般为 2Q(Q 为原污水量);混合液从缺氧反应器进入好氧反应器(O),去除 BOD、硝化和吸收磷都在本反应器中进行;沉淀池的功能为泥水分离,一部分污泥回流至厌氧反应器中,剩余污泥排放。

A^2/O 生物脱氮除磷工艺设计关键参数如表 20-2 所示,供设计实验方案时参考。

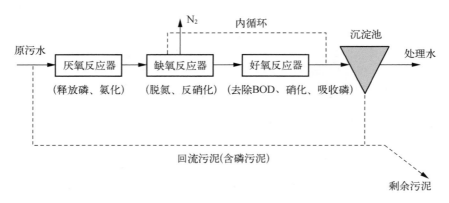

图 20 - 1   A² / O 生物脱氮除磷工艺

表 20 - 2   A² / O 生物脱氮除磷工艺设计关键参数

项　　　目	数　　　值
污泥负荷/[kg BOD₅/(kg MLSS・d)]	0.13～0.2
TN 负荷/[kg TN/(kg MLSS・d)]	<0.05(好氧段)
TP 负荷/[kg TP/(kg MLSS・d)]	<0.06(厌氧段)
污泥浓度(MLSS)/(mg/L)	3 000～4 000
污泥泥龄/d	15～20
水力停留时间/h	8～11
各段(A₁、A₂、O)停留时间比例	1:1:3～1:1:4
污泥回流比/%	50～100
混合液回流比/%	100～300
DO 浓度/(mg/L)	厌氧池,≤0.2;缺氧池,≤0.5;好氧池,1.5～2.5
COD/TN	≥8(厌氧池)
TP/BOD₅	≤0.06(厌氧池)

4. 实验装置

A²/O 污水处理实验装置如图 20 - 2 所示。该装置主要包括厌氧、缺氧、好氧三个反应器和一个沉淀池。厌氧池采用升流式厌氧污泥床(UASB)工艺,总体为圆柱体,上部为三相分离器,其上有进水阀、排泥阀、出水阀、气阀等。缺氧池为一个完全混合式反应器,总体呈圆柱形,配有搅拌电机、搅拌器,设有取样口。好氧池为一个生物接触氧化反应器,包括曝气盘、气泵、半软性填料、聚丙烯填料、悬杆、混合液回流系统。沉淀池为竖流式沉淀池类型,设有污泥回流系统。

整套设备包括污水配水箱、清水箱、进水蠕动泵、进水流量计、出水堰、三相分离器、恒温水箱(不锈钢)、沼气流量计、加热水套(一般温度保持在 40℃ 左右)、计量泵、温度控制系统(控温精度：±1℃)、Pt100 温度传感器、水封箱、电控箱、漏电保护开关、按钮开关、连接管道、球阀、带移动轮子的不锈钢台架等。

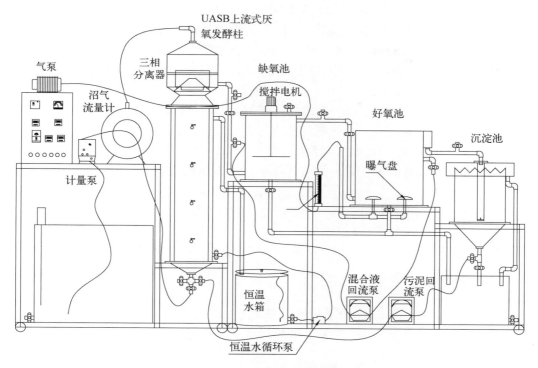

图 20‑2　A²/O 污水处理实验装置

　　各单元连接处采用三通阀门,各单元可以自由组合,可以单独进行连续流活性污泥厌氧(UASB)实验、生物接触氧化实验、缺氧/好氧(A/O)实验,系统配有在线 pH、温度和 ORP 检测装置。

5. 参考实验步骤

　　实验操作前,应查阅文献,清楚组成实验装置的所有构建物、设备和连接管路的作用,以及它们相互之间的关系,测量各反应器的有效容积。在此基础上,方可开始设备的启动和运行。

　　(1) 开启电控箱的电源开关,电压表显示电压,打开计量泵,原水箱中的水经提升进入UASB厌氧发酵柱。

　　(2) 恒温水循环系统的操作:① 开启数显温控仪,设定恒温水浴水温;② 打开恒温水箱盖,检查里面的水位情况,要求水位达到 4/5 水箱水平;③ 开启恒温水循环泵,水箱中的水进入反应器夹套,并从夹套的上端回流至水箱中,此时再次检查水箱中的水位情况,要求水箱中的加热管和温度传感器探头都能浸没于水中;④ 开启加热器,开始进行恒温加热,数显控温仪上会显示温度变化情况。

　　(3) 按下缺氧池搅拌按钮,通过调速器调节搅拌器的转速。

　　(4) 打开气泵,通过气体流量计调节曝气风量。

　　(5) 经清水试运行,确认设备动作正常、池体和管路无漏水后,方可开始微生物的驯化和培养。接种污泥可取自城市污水处理厂回流泵房的活性污泥,开始运转时,全部设备均启动,进水流量可从小开始,回流量也相应减小,污泥全部回流,不排放剩余污泥,以培养异养菌、除磷菌、硝化菌、脱氮菌等,提高系统 MLSS,固定进水流量和混合液回流比(如 50%),开启厌氧池和缺氧池搅拌,转速尽量小,以不产生污泥沉淀即可,开启好氧池气泵进行曝气,曝气强度应使好氧池 DO 浓度达到 2 mg/L 以上。

(6)当系统 MLSS 达到 3 000~5 000 mg/L 时,实验参数稳定,出水水质良好,可逐渐加大进水流量,相应加大回流量。根据沉淀池内污泥积累情况,定时开启剩余污泥蠕动泵,其流量视沉淀池中的污泥层厚度和污泥泥龄而定,不能放空。同时,固定污泥回流比,此时检测出水水质。如果 COD、SS、NH_3-N、TP 等达标且系统状态稳定,就可以认为启动阶段结束。

(7)实验结束后,关闭提升泵、曝气风机、混合液回流泵、污泥回流泵,打开水箱放空阀,关闭电源开关。

6. 数据整理

(1)测量与计算厌氧、缺氧、好氧反应器和沉淀池的有效容积。依据水力停留时间选择进水流量。分析各单元停留时间比例的合理性,若不合理则加以调节。制作表格,填入设定和测量的数据。

(2)制作并填写配水成分及其浓度表格。按照实验预习方案,确定污水类型,保证配水中营养成分比例合理,常量、微量元素齐全。

(3)投加活性污泥并混合均匀后,测定初始时的活性污泥指标和污水指标,填写在表格中,记录日期、水温。

(4)开始连续进水运行,在系统启动阶段,可每两日分析活性污泥指标和污水指标的变化情况。

(5)启动阶段结束后,系统达到稳定运行状态,处理并分析检定的活性污泥指标和污水指标数据,以日期为横坐标作图,评价污水处理效果,依据运行状况和环境条件分析污水处理机理。

(6)实验结束后,提交实验报告和实验总结。

7. 注意事项

(1)连续流生物处理实验,一旦运行起来,就要认真维护。

(2)及时掌握原水供水情况,电气、动力设备运行情况,以及各单元内微生物性状及水质变化情况,不要发生原水不足、系统漏水等现象。

8. 思考题

简述厌氧-缺氧/好氧(A^2/O)污水处理技术的脱氮除磷原理。